NHK

ダーウィンが来た！

生きもの新伝説

生きものクイズブック

からだのヒミツ編《へん》

NHK「ダーウィンが来た！」番組スタッフ編

NHK出版

CONTENTS

第1章 なんで!? コモドドラゴンは舌《した》を出《だ》す?……4

Q1 スレンダーロリスというスリムなサルの動《うご》きの特徴《とくちょう》は?……5

Q2 沖縄《おきなわ》にすむケラマジカは島《しま》から島《しま》へどうやって海《うみ》をわたった?……9

Q3 水《みず》を飲《の》んでいるとき、ライオンに襲《おそ》われたシマウマはどうなった?……11

Q4 アマゾンにすむアロワナは、魚《さかな》なのにジャンプをする。なぜ?……17

Q5 世界最大《せかいさいだい》のオオトカゲ、コモドドラゴンはなぜ舌《した》を出《だ》すの?……19

Q6 飛行中《ひこうちゅう》のエゾモモンガが木《き》にぶつかりそうに! さてどうする?……23

Q7 ピグミーマーモセットが木《き》に穴《あな》を開《あ》けるのはなんのため?……27

Q8 海辺《うみべ》に巣《す》づくりの場所《ばしょ》がなく、ケープペンギンが選《えら》んだ場所《ばしょ》は?……31

Q9 ウロコをもつほ乳類《にゅうるい》、センザンコウはなぜ木登《きのぼ》りをする?……33

Q10 イワナという魚《さかな》が、しなかったことはどれ?……35

動物《どうぶつ》たちの生《い》き残《のこ》りバトル

● 森《もり》の王者決定戦《おうじゃけっていせん》!/ヘラクレスオオカブト VS ネプチューンオオカブト……55

● 猛牛対百獣《もうぎゅうたいひゃくじゅう》の王《おう》/バッファロー VS ライオン……112

● タカがタカを襲《おそ》う!?/サシバ VS オオタカ……120

第2章 これってホント? 空中停止《くうちゅうていし》できる鳥《とり》?……38

Q11 幻《まぼろし》の珍獣《ちんじゅう》、オオアルマジロの好《す》きな食《た》べものはなに?……39

Q12 シマリスはどうしてほっぺたにドングリをつめこむの?……41

Q13 アイアイは木《き》の実《み》の中身《なかみ》を食《た》べるとき、なにを使《つか》う?……45

Q14 ハチのような動《うご》きのハチドリ。どうやって花《はな》のミツを吸《す》う?……47

Q15 シンリンオオカミはマスを食《た》べるとき、どこを残《のこ》す?……51

Q16 ラッパチョウという鳥《とり》の食事方法《しょくじほうほう》はどれ?……53

ヒゲじい

生きものが大好きなおじさん。ちょっとでもわからないことがあると、聞いてみないと気がすまない。

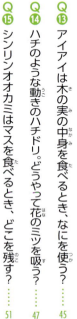

第3章 驚《おどろ》き！ ジリスの長《なが》いしっぽの使《つか》いみち……66

Q17 これはジャクソンカメレオンのあるもの。なんだろう？……67

Q18 砂漠《さばく》にすむジリスは長《なが》いしっぽをなにに使《つか》う？……71

Q19 この中《なか》にアユカケという魚《さかな》がいるよ。どこにいるかな？……73

Q20 国《くに》の天然記念物《てんねんきねんぶつ》、アユモドキという魚《さかな》はどこで見《み》られる？……75

Q21 マッコウクジラが吹《ふ》く潮《しお》の形《かたち》はどれ？……77

Q22 トゲだらけの巨大《きょだい》なサボテン。鳥《とり》たちとの意外《いがい》なかかわりとは？……81

Q23 穴《あな》から顔《かお》を出《だ》すこの生《い》きものの正体《しょうたい》は？……85

Q24 ちょっと変《か》わったナマクアカメレオン。どんなところにすんでいる？……87

第4章 知《し》られざる生《い》きものたちのスゴ技《わざ》……89

● カエルアンコウ／魚《さかな》なのに、にせのえさを使《つか》って魚《さかな》をつる……90

● アカショウビン／獲物《えもの》との距離《きょり》や位置《いち》を飛《と》びながらチェック……92

● 古代魚《こだいぎょ》アロワナ／水中《すいちゅう》からジャンプして木《き》の上《うえ》の虫《むし》をとる……94

● ライオン／力《ちから》だけじゃない！チームワークよく頭脳的《ずのうてき》！……96

● ヘラクレスオオカブト／昼《ひる》は木《き》の幹《みき》に合《あ》わせてからだの色《いろ》が黄色《きいろ》に！……98

● ミナミハナイカ／カラフルに、地味《じみ》に！からだの色《いろ》で身《み》を守《まも》る……100

● ツノゼミ／植物《しょくぶつ》、ふん、敵《てき》がこわがる生《い》きものの姿《すがた》にそっくり……102

● フサオマキザル／大《おお》きな石《いし》でかたいヤシの実《み》を割《わ》って食《た》べる……105

● カニクイザル／ヒトの髪《かみ》の毛《け》で歯《は》みがき！道具《どうぐ》を使《つか》いわけて食《た》べる……107

● カレドニアガラス／道具《どうぐ》を〝使《つか》う〟だけでなく、道具《どうぐ》を〝つくって〟獲物《えもの》をとる……110

第1章

なんで!? コモドドラゴンは舌《した》を出《だ》す?

QUESTION 01

スレンダーロリスという スリムなサルの動《うご》きの特徴《とくちょう》は？

⬆体長《たいちょう》は20cmくらい。目《め》が大《おお》きく、手足《てあし》が細《ほそ》いよ。

1 とてもゆっくり動《うご》く

2 超高速《ちょうこうそく》で走《はし》る

3 驚《おどろ》きのジャンプ力《りょく》

⬆⬅あわてずゆっくり歩《ある》く
スレンダーロリス。

QUESTION 01

答《こた》え

① スローモーションのようにゆっくり動《うご》く

サルなのに走《はし》ったりジャンプをしない

「ほっそりしたロリス」という意味《いみ》のスレンダーロリスはサルのなかまです。サルは木《き》の上《うえ》でジャンプしたり走《はし》ったり、元気《げんき》に動《うご》く種類《しゅるい》が多《おお》いのですが、スレンダーロリスは正反《せいはん》対《たい》。超《ちょう》スローな動《うご》きが特徴《とくちょう》です。

　虫《むし》をとって食《た》べるスレンダーロリスにとっては、のろまなほうがいいようです。木《き》の上《うえ》で大《だい》ジャンプをしては、枝《えだ》や葉《は》がゆれて虫《むし》が逃《に》げてしまいます。ゆっくりゆっくり虫《むし》に近《ちか》づけば、気《き》づかれずにとることができます。

敵《てき》も「スロー」でかわす

ジャコウネコはスレンダーロリスの恐《おそ》ろしい敵《てき》。そんな敵《てき》に出《で》くわしたときも「スロー」が効果的《こうかてき》です。

スレンダーロリスは、ジャコウネコがそばにいるときもあわてて逃《に》げません。じっと動《うご》かずにいます。ジャコウネコの目《め》は色《いろ》の区《く》別《べつ》ができず、動《うご》かないスレンダーロリスとまわりの葉《は》が見分《みわ》けられないのです。敵《てき》が現《あらわ》れると、1、2時間《じかん》でも動《うご》かないことがあるそうです。

⬅⬇前足《まえあし》を使《つか》わず後足《あとあし》だけで逆《さか》さ歩《ある》き! 後足《あとあし》に特別《とくべつ》な筋肉《きんにく》があるからできるワザなんだ。ねらった獲物《えもの》を逃《のが》さないよ。

1
木《き》の裏《うら》にいる虫《むし》もにおいでわかるよ
2
虫《むし》にねらいをさだめて……
3
つかまえた!
4
いただきます!

見《み》えないところが見《み》える？ やぶの中《なか》でも葉《は》を動《うご》かさずに歩《ある》く

見《み》えないところに虫《むし》がいても、スレンダーロリスは鼻《はな》と耳《みみ》でキャッチします。鋭《するど》い嗅覚《きゅうかく》と聴覚《ちょうかく》があり、わずかな虫《むし》の動《うご》きも聞《き》き逃《のが》さず、においで居場所《いばしょ》をつきとめます。

やぶの中《なか》にいても、葉《は》っぱを少《すこ》しも動《うご》かさず、音《おと》もたてずに歩《ある》くことができます。からだに「触毛《しょくもう》」という神経《しんけい》が集中《しゅうちゅう》している特別《とくべつ》な毛《け》があり、わずかに葉《は》が触《ふ》れてもわかるセンサーのようなはたらきをしているからです。

【ミニデータ】撮影場所《さつえいばしょ》：スリランカ。「シリーズ スローライフ①忍者《にんじゃ》ザル のろまの術《じゅつ》」

QUESTION 02

沖縄《おきなわ》にすむケラマジカは島《しま》から島《しま》へどうやって海《うみ》をわたった?

沖縄《おきなわ》の慶良間諸島《けらましょとう》の4つの島《しま》にすむケラマジカは国《くに》の天然記念《てんねんきねん》物《ぶつ》だよ。

1 船《ふね》に乗《の》った

2 橋《はし》を通《とお》った

3 泳《およ》いだ

⬆ケラマジカは北海道《ほっかいどう》や本州《ほんしゅう》のシカよりからだが小《ちい》さく、オスでも40kg程度《ていど》。

QUESTION 02 答《こた》え

③スイスイ海《うみ》を泳《およ》いで島《しま》へたどりついた

ケラマジカは血《ち》のつながったメスが子どもをつれて群《む》れで暮《く》らしていますが、オスは1歳《さい》をすぎると群《む》れから追《お》いだされてしまいます。

ケラマジカがすむ島《しま》は1㎞四方《しほう》くらいしかないため、群《む》れを離《はな》れても食《た》べものの草《くさ》があるエサ場《ば》が限《かぎ》られています。母親《ははおや》の縄張《なわば》りから離《はな》れる必要《ひつよう》があるため海《うみ》を泳《およ》ぎ、島《しま》へわたったと考《かんが》えられています。じょうずに泳《およ》ぎますが、島《しま》のまわりは潮《しお》の流《なが》れが速《はや》く、おぼれて死《し》ぬシカもいます。

⬆けった脚《あし》を前《まえ》にもどすとき、折《お》りたたんで水《みず》の抵抗《ていこう》を小《ちい》さくしてじょうずに泳《およ》ぐよ。

【ミニデータ】撮影場所《さつえいばしょ》：沖縄県慶良間諸島《おきなわけんけらましょとう》。「サンゴの海《うみ》 シカが泳《およ》いだ!」

QUESTION 03

水《みず》を飲《の》んでいるとき、ライオンに襲《おそ》われたシマウマはどうなった？

⬆ライオンに襲《おそ》われたシマウマ。危《き》機《き》一《いっ》髪《ぱつ》!

1 反撃《はんげき》して逃《に》げた

2 ライオンにつかまってしまった

3 水《みず》の中《なか》にいたワニに助《たす》けてもらった

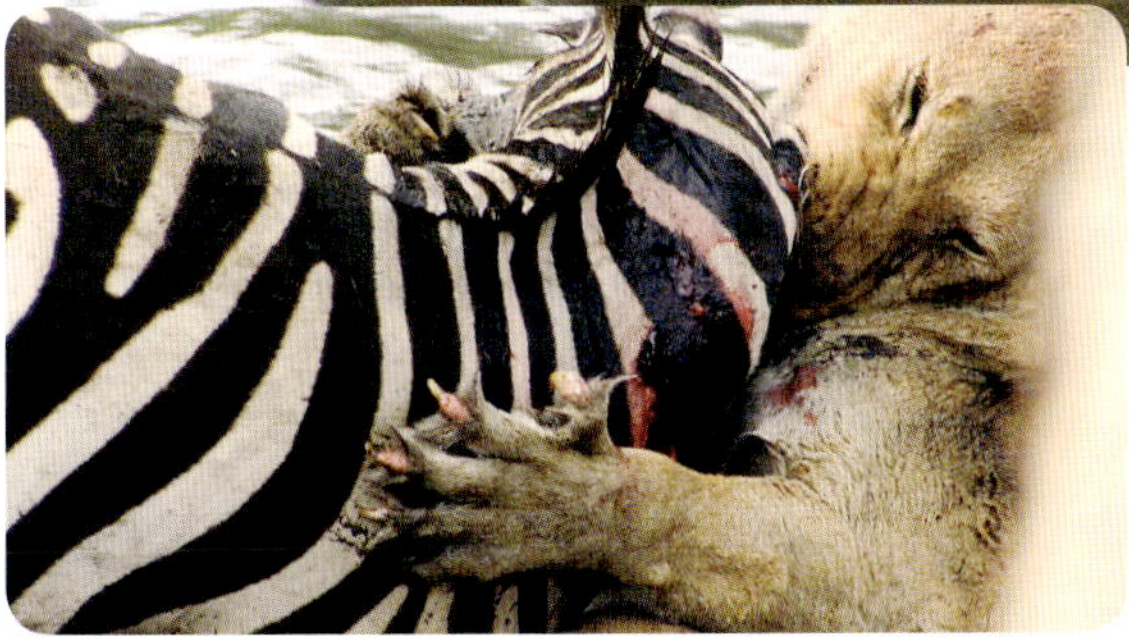

⬆➡ライオンをおぼれさせようとするシマウマ。
⬅けがをしてもライオンに立《た》ち向《む》かうシマウマ。

QUESTION 03 答《こた》え

① なんと逆襲《ぎゃくしゅう》したんだ!!

ライオンがいつも勝《か》つとは限《かぎ》らない

草《くさ》を求《もと》めて移動《いどう》する草食動物《そうしょくどうぶつ》たちは、ライオン、ハイエナ、チーターなどの肉食動物《にくしょくどうぶつ》に狙《ねら》われていて、危険《きけん》がいっぱいの毎日《まいにち》。草食動物《そうしょくどうぶつ》は、肉食動物《にくしょくどうぶつ》よりも弱《よわ》いと思《おも》われているけれど、いつも負《ま》けちゃうわけではないようです。

シマウマがなかまと水《みず》を飲《の》んでいるときに、ライオンが襲《おそ》ってきました。逃《に》げおくれたシマウマは、なんとライオンに馬乗《うまの》りになっておぼれさせようとしました。さすがのライオンも必死《ひっし》の逆襲《ぎゃくしゅう》にはかなわなかったようです。

シマウマとヌーは助《たす》けあって生《い》きている

アフリカのサバンナでは、シマウマやヌーは草《くさ》を求《もと》めて大移動《だいいどう》します。移動《いどう》中《ちゅう》は危険《きけん》がつきもの。そこでシマウマの群《む》れはヌーの大《おお》きな群《む》れにまぎれることで身《み》をかくしてもらっています。

そのかわりに、ヌーよりも早《はや》く敵《てき》に気《き》づくことができるシマウマは、群《む》れに近《ちか》づくチーターを追《お》い払《はら》うこともあります。お互《たが》いに助《たす》けあって危険《きけん》を乗《の》り越《こ》えているのです。

⬆ところどころシマウマがかくれていました。

⬆ヌーの群《む》れだけかと思《おも》ったら……

草《くさ》はなかよく食《た》べ分《わ》ける

シマウマとヌーは、サバンナに生《は》えるイネ科《か》の草《くさ》を食《た》べます。取《と》りあいにならないのは、食《た》べるところがちがうからです。イネ科《か》の草《くさ》は葉《は》の先《さき》がかたくなっています。かたい部分《ぶぶん》はシマウマが食《た》べます。ヌーは、シマウマが食《た》べたあとに残《のこ》るやわらかい根元《ねもと》部分《ぶぶん》を食《た》べます。

➡葉《は》の先《さき》を食《た》べるシマウマ。

⬅草《くさ》の根元《ねもと》を食《た》べるヌー。

【ミニデータ】撮影場所《さつえいばしょ》：ケニアとタンザニアのサバンナ。「大追跡《だいついせき》! 草食動物《そうしょくどうぶつ》は強《つよ》かった」

QUESTION 04

アマゾンにすむアロワナは、魚《さかな》なのにジャンプをする。なぜ?

⬆大《おお》きさが1mくらいあるアロワナのジャンプはダイナミックだよ。

1 木《き》の葉《は》の裏《うら》に卵《たまご》を産《う》みつけるため

2 木《き》に集《あつ》まる虫《むし》を食《た》べるため

3 メスにかっこいいところを見《み》せるため

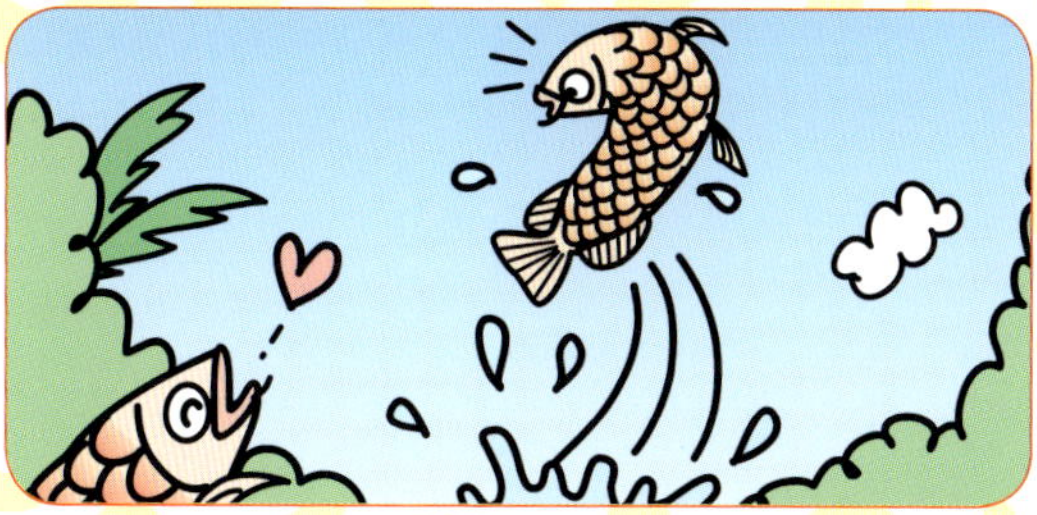

⬆水面《すいめん》近《ちか》くの虫《むし》をジャンプして食《た》べるアロワナ。

QUESTION 04 答《こた》え

② 食《た》べるためにジャンプする

アマゾンは、雨《あめ》が降《ふ》り続《つづ》く雨季《うき》になると、乾季《かんき》には地面《じめん》のところも水《みず》びたしになってしまいます。すると、地面《じめん》にいた虫《むし》たちは木《き》の上《うえ》に集《あつ》まってきます。そこで、アロワナは水中《すいちゅう》からジャンプして虫《むし》を食《た》べます。

アロワナは泳《およ》ぎがあまり速《はや》くありません。ほかの魚《さかな》より水中《すいちゅう》の獲物《えもの》を素早《すばや》く取《と》れないので、ジャンプするようになったといわれています。

ふつうの魚《さかな》は背《せ》ビレ、尾《お》ビレなどが別々《べつべつ》（下《した》）。アロワナ（上《うえ》）は背《せ》ビレや尾《お》ビレから尻《しり》ビレまでひと続《つづ》きだから速《はや》く泳《およ》げないんだ。

【ミニデータ】撮影場所《さつえいばしょ》：ブラジルのアマゾン川流域《がわりゅういき》。「古代魚《こだいぎょ》が跳《と》んだ!」 94ページに解説《かいせつ》があるよ!

QUESTION 05

世界最大《せかいさいだい》のオオトカゲ、コモドドラゴンはなぜ舌《した》を出《だ》すの?

⬆30cmほどの舌《した》をペロペロと出《だ》すコモドドラゴン。「コモドオオトカゲ」とも呼《よ》ばれるよ。

1 敵《てき》をおどしている

2 小《ちい》さな虫《むし》を食《た》べている

3 においをかいでいる

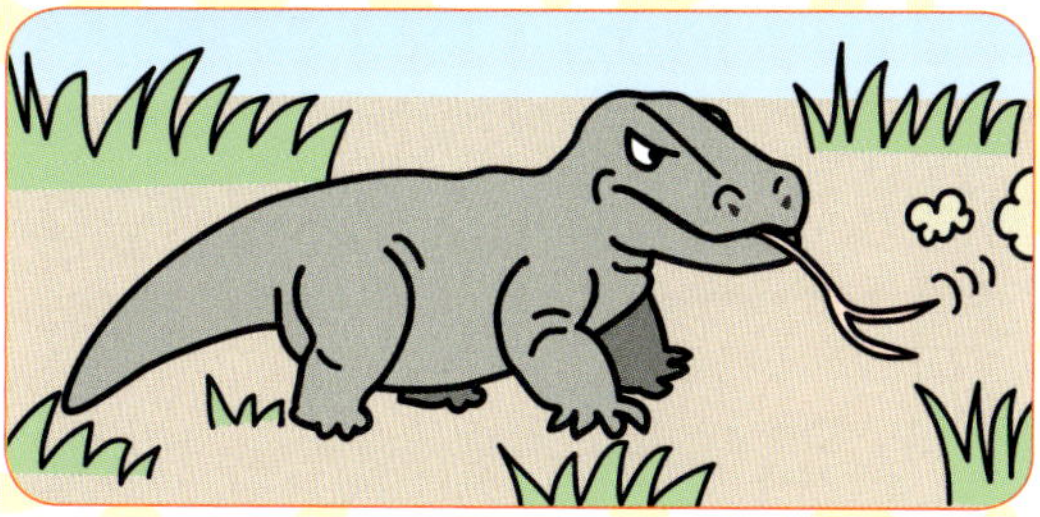

⬆よろいのような皮膚《ひふ》だね。

QUESTION 05

答《こた》え

③ 舌《した》でにおいをかいで、獲物《えもの》の居場所《いばしょ》をつきとめる

口《くち》の中《なか》でにおいがわかる

コモドドラゴンはおもに舌《した》でにおいをかぎわけています。舌《した》についたにおいのもとを口《くち》の中《なか》に運《はこ》び、上《うえ》あごのある部分《ぶぶん》で、においを感《かん》じています。そのパワーは、5㎞ほど離《はな》れた獲物《えもの》のにおいもわかるくらいといわれています。

⬆ツメは鋭《するど》く、口《くち》は大《おお》きいよ。

世界最大《せかいさいだい》のトカゲは暑《あつ》さが苦手《にがて》

赤道《せきどう》に近《ちか》いインドネシアのコモド島《とう》にすむコモドドラゴン。大《おお》きなものでからだの長《なが》さは3m、体重《たいじゅう》は100kgほどもあります。卵《たまご》から生《う》まれたばかりのころは40㎝ほどですが、30年《ねん》ほどかけて大《おお》きくなります。

大《おお》きなツメやその顔《かお》は恐竜《きょうりゅう》にそっくりですが、トカゲのなかまです。自分《じぶん》で体温《たいおん》を調節《ちょうせつ》できないので、暑《あつ》さが大《だい》の苦手《にがて》。大《おお》きなからだを動《うご》かすにはエネルギーを使《つか》うので、暑《あつ》い日中《にっちゅう》はあまり動《うご》かず、木《こ》かげで休《やす》みます。

⬆地面《じめん》にからだをつけて木《こ》かげで休《やす》むよ。

⬆コモドドラゴンの子《こ》ども。小《ちい》さいときは木《き》の上《うえ》で暮《く》らすことが多《おお》いんだ。

⬆⬅繁殖《はんしょく》シーズンになると、オスたちは激《はげ》しく争《あらそ》うよ。

狩《か》りは省《しょう》エネでもメスをめぐる争《あらそ》いは激《はげ》しい

コモドドラゴンはかみつく際《さい》に毒《どく》を流《なが》し込《こ》み、かみつかれた獲物《えもの》は弱《よわ》ってしまいます。自分《じぶん》より早《はや》く走《はし》れるイノシシやシカなどは、ムリに追《お》いかけず、パクリとひとかみ。その毒《どく》によって、相手《あいて》が弱《よわ》るのをひたすら待《ま》つという、省《しょう》エネの狩《か》りをします。

ふだん、なかまとはあまりけんかはしませんが、繁殖《はんしょく》シーズンのメスをめぐるオスの争《あらそ》いは、立《た》ち上《あ》がって取《と》っ組《く》み合《あ》う命《いのち》がけの闘《たたか》いになります。

【ミニデータ】撮影場所《さつえいばしょ》：インドネシア、コモド島《とう》。「現代《げんだい》の恐竜《きょうりゅう》! コモドドラゴン」

⬆エゾモモンガは北海道《ほっかいどう》にすむリスのなかま。
手《て》足《あし》を広《ひろ》げても約《やく》15cm四方《しほう》の小《ちい》さな生《い》きもの。

QUESTION 06

飛《ひ》行《こう》中《ちゅう》のエゾモモンガが木《き》にぶつかりそうに！ さてどうする？

1 からだを傾《かたむ》け方《ほう》向《こう》転《てん》換《かん》

2 はばたいて上《うえ》へ

3 手《て》を伸《の》ばして葉《は》につかまる

夜《よる》の森《もり》をしなやかに移動《いどう》するエゾモモンガの大滑空《だいかっくう》。
木《き》を登《のぼ》ったり降《お》りたりする労力《ろうりょく》を省《はぶ》く手段《しゅだん》でもあるんだ。

QUESTION 06 答《こた》え

① 飛膜《ひまく》の動《うご》きだけで簡単《かんたん》に方向転換《ほうこうてんかん》！

秒速《びょうそく》10m、飛距離《ひきょり》100m以上《いじょう》というエゾモモンガの華麗《かれい》なるジャンプ。羽《はね》のような〝飛膜《ひまく》〟をバンザイ状《じょう》に広《ひろ》げて飛《と》ぶ、この〝滑空《かっくう》〟は、鳥《とり》の羽《は》ばたきなどと比《くら》べるとエネルギーを使《つか》わずに移動《いどう》できます。

これは飛《と》び立《た》つ所《ところ》から着地《ちゃくち》する所《ところ》への高《たか》さのちがいを利用《りよう》し、空気《くうき》の浮力《ふりょく》を受《う》けながら飛《と》ぶパラシュートと同《おな》じ原理《げんり》です。小《ちい》さなからだのエゾモモンガが体力《たいりょく》を使《つか》わずにすむ知恵《ちえ》なのです。

方向転換《ほうこうてんかん》したいときは、傾《かたむ》ければ簡単《かんたん》にまがれます。

着地《ちゃくち》は後《うし》ろ足《あし》を先《さき》について衝撃《しょうげき》を吸収《きゅうしゅう》。しなやかな動《うご》きでからだに負担《ふたん》をかけません。

しっぽの動《うご》きでバランスをとっているぞ

⬇子《こ》どもたちは夜《よる》、滑空《かっくう》の練習《れんしゅう》をする。枝《えだ》にぶつかったり失敗《しっぱい》して落《お》ちてしまうことも。

ムダな力《ちから》をつかわない省《しょう》エネルギーの生《い》きものなんだね

自分《じぶん》のからだの大《おお》きさにぴったり合《あ》うキツツキの巣《す》をリサイクルした巣《す》穴《あな》に、何年《なんねん》もすむ習性《しゅうせい》をもつ。

すみかや冬越《ふゆご》しもエコロジーがモットー

エゾモモンガの巣《す》は、キツツキがつくった巣《す》を再利用《さいりよう》したもの。冬《ふゆ》にはコケで埋《う》めつくされた巣《す》穴《あな》に何匹《なんびき》かでいっしょにすむことで、穴《あな》の中《なか》は暖《あたた》かく保《たも》たれます。

主食《しゅしょく》はほかの動物《どうぶつ》があまり食《た》べない木《き》の芽《め》や葉《は》なので、食《た》べものをめぐる争《あらそ》いとも無縁《むえん》だし、冬《ふゆ》の季節《きせつ》もためこむ必要《ひつよう》はありません。

⬆コケをくわえては巣《す》へ。布団《ふとん》代《が》わりのコケ集《あつ》めは10月《がつ》くらいから始《はじ》める。

家族以外《かぞくいがい》のモモンガでもなかよく寄《よ》りそって冬《ふゆ》をすごすんだな

【ミニデータ】撮影場所《さつえいばしょ》：北海道《ほっかいどう》のサロベツ原野《げんや》。「モモンガ驚《おどろ》きエコ生活《せいかつ》」

QUESTION 07

ピグミーマーモセットが木《き》に穴《あな》を開《あ》けるのはなんのため？

⬆手《て》のひらにすっぽり収《おさ》まるほど小《ちい》さいピグミーマーモセット。木《き》の皮《かわ》を食《た》べているのではなく……。

1 巣《す》穴《あな》の材《ざい》料《りょう》にするため

2 食《しょく》事《じ》の準《じゅん》備《び》

3 なかまへの伝《でん》言《ごん》板《ばん》として

食《た》べものとなる樹液《じゅえき》の出《で》るのはマメのなかまの木《き》。表面《ひょうめん》いっぱいに穴《あな》の開《あ》いた木《き》を中心《ちゅうしん》になわばりをつくっているんだよ。

QUESTION 07

答《こた》え

②食《た》べものの樹液《じゅえき》が穴《あな》から出《で》てくる！

翌日《よくじつ》の食《た》べもののために働《はたら》く知恵《ちえ》をもっているんだ

アマゾンのジャングルにある1本《ぽん》の木《き》には、小《ちい》さな穴《あな》がいっぱい。これはピグミーマーモセットが皮《かわ》をかじって開《あ》けたもの。その穴《あな》を翌日《よくじつ》見《み》るとあら不思議《ふしぎ》。アメみたいに透明《とうめい》のネバネバした樹《じゅ》液《えき》が穴《あな》から出《で》てきているのです。

糖分《とうぶん》やミネラルをたっぷり含《ふく》んだ樹液《じゅえき》は、体長《たいちょう》10㎝とからだの小《ちい》さなピグミーマーモセットにとっては、安全《あんぜん》・確実《かくじつ》に手《て》に入《はい》る貴重《きちょう》なごちそう。この食事《しょくじ》のために、毎日《まいにち》約《やく》30分《ぷん》も、木《き》の皮《かわ》をかじりつづけます。

未来《みらい》の収穫《しゅうかく》を予想《よそう》して毎日《まいにち》せっせと働《はたら》く動物《どうぶつ》は、このピグミーマーモセットと人間《にんげん》くらいかも

おなかがすいてから食《た》べものをさがすんじゃなく計画的《けいかくてき》にコツコツ準備《じゅんび》するんだ

⬆樹液《じゅえき》がかわかずわき出《で》てくるのは、ピグミーマーモセットの作《つく》った穴《あな》だけ。

しれません。この世界《せかい》一《いち》小《ちい》さなサルのなかまはすばらしい知恵《ちえ》をもった動物《どうぶつ》なのです。

⬆虫《むし》も好物《こうぶつ》だけど、小《ちい》さなからだでは逃《に》げられてしまうこともしばしば。

⬆寿命《じゅみょう》が約《やく》10年《ねん》と短《みじか》いので繁殖《はんしょく》は年《ねん》2回《かい》、双子《ふたご》の子《こ》どもが生《う》まれるよ。

子育《こそだ》てはあくまで慎重《しんちょう》に

ピグミーマーモセットの子《こ》どもは、年《ねん》に2回《かい》、たいてい双子《ふたご》で生《う》まれます。お父《とう》さんや兄弟《きょうだい》が2匹《ひき》の子《こ》どもを背中《せなか》に背負《せお》って移動《いどう》し、樹液《じゅえき》を口移《くちうつ》しで与《あた》えるなど、子育《こそだ》ては慎重《しんちょう》。もちろん、大《おお》きくなるにつれて、樹液《じゅえき》のために木《き》の皮《かわ》をかじる練《れん》習《しゅう》も、親《おや》がきちんと覚《おぼ》えさせるのです。

⬆キキキ……と特徴的《とくちょうてき》な声《こえ》を出《だ》しておにいさんと子守《こもり》を交代《こうたい》。

かわいい赤《あか》ちゃんもあっという間《ま》にお父《とう》さんの3分《ぶん》の1の体重《たいじゅう》に成長《せいちょう》するんだよ

【ミニデータ】撮影場所《さつえいばしょ》：ペルーのアマゾン地帯《ちたい》。「賢《かしこ》い! 奥《おく》アマゾンの超小型《ちょうこがた》サル」

QUESTION 08

海辺《うみべ》に巣《す》づくりの場所《ばしょ》がなく、ケープペンギンが選《えら》んだ場所《ばしょ》は？

⬆ナミビアから南《みなみ》アフリカ沿《えん》岸《がん》部《ぶ》にすむケープペンギン。

1 木《き》の上《うえ》

2 夏《なつ》でもすずしい高《こう》山《ざん》

3 人《ひと》が暮《く》らす町《まち》の中《なか》

植《う》えこみの巣《す》で親《おや》を待《ま》つヒナ

堂々《どうどう》と車道《しゃどう》を横断《おうだん》するケープペンギン。
交通事故《こうつうじこ》で命《いのち》を落《お》とすペンギンもいるんだ。

QUESTION 08 答《こた》え

③30年《ねん》くらい前《まえ》から町《まち》にやってくるようになった

ケープペンギンは「穴掘《あなほ》りペンギン」とも呼《よ》ばれ、海辺《うみべ》の土《つち》や砂《すな》に穴《あな》を60㎝ほど掘《ほ》って巣《す》をつくります。巣《す》の間隔《かんかく》は1m以上必要《いじょうひつよう》で、南極《なんきょく》のコウテイペンギンのように密集《みっしゅう》しません。

海岸《かいがん》で巣穴《すあな》をつくるペンギンもいますが、いい場所《ばしょ》を手《て》に入《い》れることができなかったペンギンたちが向《む》かったのが町《まち》の中《なか》。人《ひと》が住《す》む植《う》えこみなどに巣《す》をつくって子育《こそだ》てします。

町《まち》のほうが、天敵《てんてき》が少《すく》ないので、ヒナを巣《す》に残《のこ》しても安心《あんしん》ですが、海《うみ》で魚《さかな》をとるために歩《ある》いて海《かい》岸《がん》へ向《む》かう親《おや》は、車《くるま》などの危険《きけん》がいっぱいです。

撮影《さつえい》した南《みなみ》アフリカのある海岸《かいがん》には、30年前《ねんまえ》まではペンギンがいませんでした。船《ふね》の事故《じこ》で海《うみ》に流《なが》れでた重油《じゅうゆ》のため、すみかを追《お》われてやってきたと考《かんが》えられています。

【ミニデータ】撮影場所《さつえいばしょ》：南《みなみ》アフリカ。「シリーズ南《みなみ》アフリカの海《うみ》②町《まち》をペタペタ! 子育《こそだ》てペンギン」

⬆おなかと顔以外《かおいがい》にあるウロコはおよそ300枚《まい》!
体長《たいちょう》は60㎝くらいだよ。

QUESTION 09

ウロコをもつほ乳類《にゅうるい》、センザンコウはなぜ木《き》登《のぼ》りをする?

1 木《き》の上《うえ》に巣《す》をつくるアリを食《た》べるため

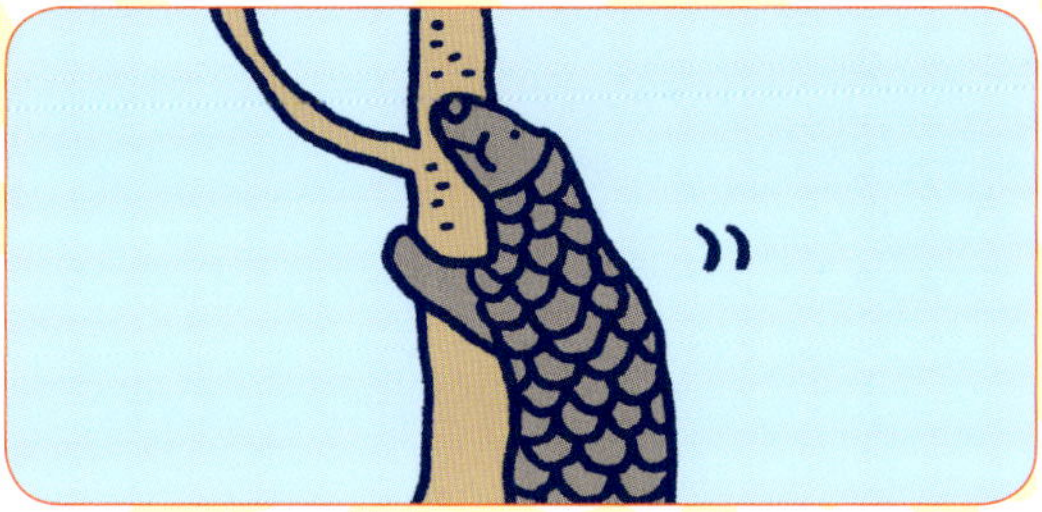

2 木《き》の上《うえ》に自分《じぶん》の巣《す》をつくるため

3 木《き》の上《うえ》の実《み》や葉《は》を食《た》べるため

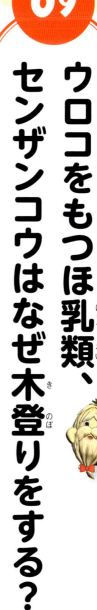

⬆ウロコに多《おお》くのエネルギーをとられるため、1日動《にちうご》けるのは4時間程度《じかんていど》だけ。時間《じかん》オーバーで木登《きのぼ》り中《ちゅう》でも寝《ね》てしまうことがあるよ。

QUESTION 09

答《こた》え

❶ ウロコに必要《ひつよう》な栄養《えいよう》のためにアリを食《た》べる

センザンコウのウロコはおなかと顔以外《かおいがい》をおおい、300枚《まい》もあるといわれます。1枚《まい》1枚《まい》がとてもかたく、ハンマーでたたいても割《わ》れないほどです。

そんなじょうぶなウロコを維持《いじ》するには多《おお》くの栄養《えいよう》が必要《ひつよう》です。木《き》の上《うえ》に巣《す》をつくるシリアゲアリは主食《しゅしょく》のひとつ。ウロコの栄養《えいよう》になるビタミンやミネラルなどがほかの虫《むし》より豊富《ほうふ》なのだそうです。食《た》べるときにアリが攻撃《こうげき》してきても、ウロコでガード。15㎝の長《なが》い舌《した》で、アリをからめるように食《た》べます。

⬆おなかにはウロコがないので、背中《せなか》をまるめて身《み》を守《まも》るんだ。木登《きのぼ》りだけでなく泳《およ》ぎも上手《じょうず》だよ。

【ミニデータ】撮影場所《さつえいばしょ》：台湾《たいわん》。「登場《とうじょう》! ウロコ珍獣《ちんじゅう》センザンコウ」

QUESTION 10

イワナという魚《さかな》が、しなかったことはどれ?

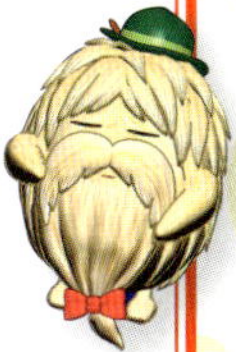

⬆イワナは漢字《かんじ》で「岩魚《いわな》」と書《か》くよ。
岩《いわ》のかげにかくれていることからついたよ。

1 水《みず》が少《すく》ないところを歩《ある》いた

2 メスに食《た》べものをプレゼントした

3 なかまを食《た》べた

⬆からだをくねらせて歩《ある》くよ。

⬆からだの表面《ひょうめん》はぬるぬるしているんだ。

口《くち》がとっても大《おお》きい。
歯《は》もするどいよ。

QUESTION 10 答《こた》え

② 水《みず》がなくなれば歩《ある》くし、食《た》べものがなければなかまも食《た》べる。

足《あし》がないのに歩《ある》けるのは？

イワナがすむ川《かわ》の最上流部《さいじょうりゅうぶ》は水《みず》が少《すく》なく、流《なが》れが変《か》わることもしばしば。すみかの水《みず》は急《きゅう》になくなってしまうことがあります。そんなときは、水《みず》のあるところまでなんと歩《ある》いていきます。

ふつうの魚《さかな》はからだが平《ひら》たいので陸《りく》ではからだが倒《たお》れてしまいます。でもイワナのからだは丸《まる》いので倒《たお》れないのです。

また、からだがやわらかいので、くねくねと曲《ま》げながら進《すす》むことができます。そのうえウロコがうすく、表面《ひょうめん》がぬるぬるしているため、なにかにひっかからず、歩《ある》くことができるのです。

⬆暑《あつ》さが苦手《にがて》なイワナは、冷《つめ》たい水《みず》が流《なが》れる川《かわ》の最上流部《さいじょうりゅうぶ》にすむんだ。

食《く》うか食《く》われるかのきびしい暮《く》らし

大《おお》きなイワナのおなかから、ヘビが出《で》てきたことがあるそうです。小《ちい》さなイワナは大《おお》きなイワナに食《た》べられてしまうことだってあります。

イワナの暮《く》らす川《かわ》の最上流部《さいじょうりゅうぶ》は水《みず》が少《すく》なく、温度《おんど》も低《ひく》いため、食《た》べものが限《かぎ》られます。ヘビやなかま、なんでも食《た》べないと生《い》きていけないのでしょう。

⬆小《ちい》さいイワナを食《た》べる大《おお》きなイワナ。

⬆イワナはなわばりをもっていて、そこに落《お》ちたり流《なが》れてきた虫《むし》をひとりじめするよ。

【ミニデータ】撮影場所《さつえいばしょ》：新潟《にいがた》と福島県境《ふくしまけんざかい》。「イワナは水中《すいちゅう》のケモノ」

第2章

これってホント？空《くう》中《ちゅう》停《てい》止《し》できる鳥《とり》？

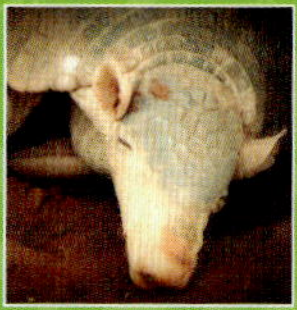

QUESTION 11

幻《まぼろし》の珍獣《ちんじゅう》、オオアルマジロの好《す》きな食《た》べものはなに？

⬆寝顔《ねがお》がかわいいオオアルマジロ。

1 シロアリ

2 毒《どく》ヘビ

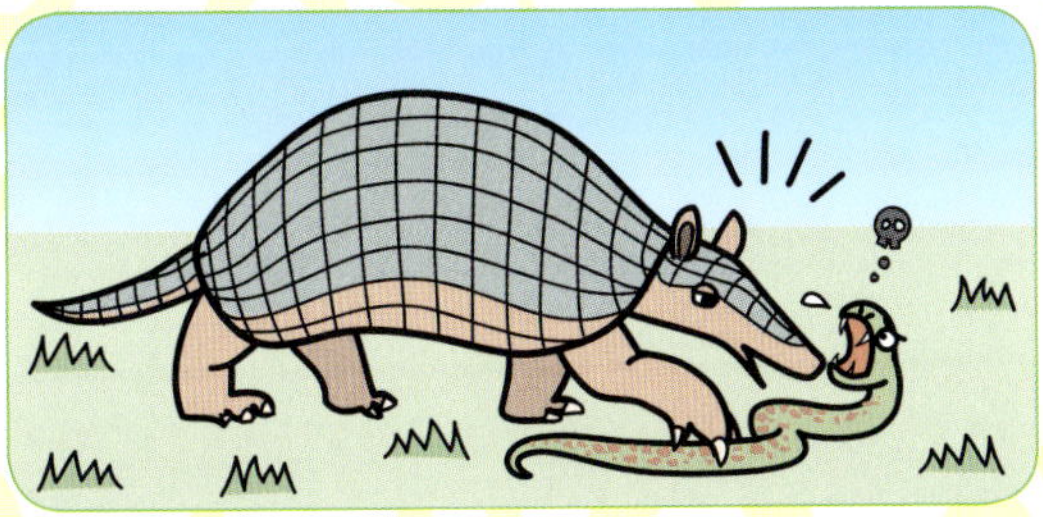

3 サボテン

⬆ツメを立《た》てて走《はし》っているよ。体長《たいちょう》1.5m、重《おも》さ40kgのからだをじょうぶなツメでささえているんだ。

QUESTION 11

答《こた》え

① アリ塚《づか》をほって たくさんのシロアリを食《た》べる

ブラジルの大草原《だいそうげん》にすむオオアルマジロ。おもな食《た》べものはシロアリ。じょうぶなツメでかたいアリ塚《づか》をほって、一度《いちど》にたくさんのシロアリを食《た》べます。

オオアルマジロの行動《こうどう》を調《しら》べたところ、外《そと》に出《で》てきたのは2日《か》に一度《いちど》、3時間《じかん》くらいでした。それ以外《いがい》は巣穴《すあな》の中《なか》で過《す》ごしています。

もともと数《かず》も少《すく》なく、臆病《おくびょう》な性格《せいかく》です。研究者《けんきゅうしゃ》でも姿《すがた》をなかなか見《み》ることができないため「幻《まぼろし》の珍獣《ちんじゅう》」といわれ、まだまだ謎《なぞ》が多《おお》い動物《どうぶつ》です。

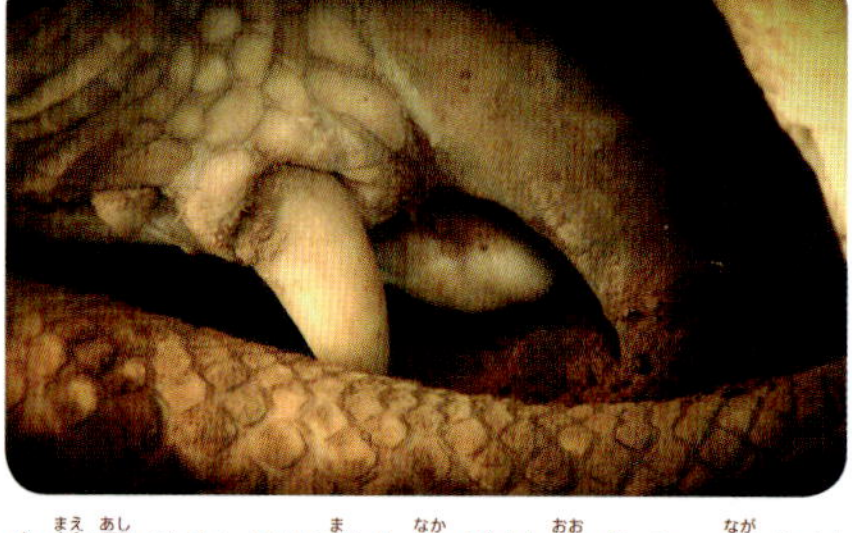

⬆前足《まえあし》のツメは真《ま》ん中《なか》だけ大《おお》きく、長《なが》さは15cmもあるよ。

【ミニデータ】撮影場所《さつえいばしょ》：ブラジル。「南米《なんべい》の珍獣《ちんじゅう》シリーズ① 幻《まぼろし》のアルマジロを探《さが》せ!」

QUESTION 12

シマリスはどうしてほっぺたにドングリをつめこむの？

⬆ドングリで、ほおがパンパンにふくらんだシマリス。日本《にほん》では北海道《ほっかいどう》にしかいないよ。

1 いっきにたくさん食《た》べたいから

2 食《た》べているのではなく運《はこ》んでいる

3 敵《てき》に顔《かお》を大《おお》きく見《み》せて威《い》かくするため

↓後《うし》ろ姿《すがた》はしましまなシマリス。

QUESTION 12 答《こた》え

② 冬《ふゆ》に備《そな》えて口《くち》の中《なか》にドングリを入《い》れて運《はこ》ぶ

シマリスはほお袋《ぶくろ》があるが、エゾリスにはない

ほおがふくらんだシマリス。たくさんほおばって食《た》べているわけではありません。ほおの内側《うちがわ》にある「ほお袋《ぶくろ》」と呼《よ》ばれるところに食《た》べものをためて運《はこ》んでいるのです。

シマリスのすむ地上《ちじょう》には、ヘビやキツネなどの敵《てき》が多《おお》く、食《た》べものをゆっくり食《た》べていると、見《み》つかってしまいます。ほお袋《ぶくろ》に入《い》れて運《はこ》び、安全《あんぜん》なところで食《た》べます。

同《おな》じリスのなかまでも、エゾリスにはほお袋《ぶくろ》がありません。エゾリスは食《た》べものをとるのも食《た》べるのも木《き》の上《うえ》。葉《は》や枝《えだ》などで敵《てき》からからだを隠《かく》すことができ、地上《ちじょう》よりも安全《あんぜん》だからです。

↑秋《あき》に埋《う》めておいた木《き》の実《み》を食《た》べるエゾリス。冬《ふゆ》は食《た》べものさがしが大変《たいへん》なんだ。

↑エゾリスの大《おお》きさはシマリスの約《やく》2倍《ばい》で25cmくらい。

シマリスは冬眠《とうみん》するが、エゾリスはしない

秋《あき》になるとシマリスは大忙《おおいそが》し。冬眠《とうみん》に備《そな》えて、ドングリなどの食《た》べものを集《あつ》めます。そんなときもほお袋《ぶくろ》が活躍《かつやく》。食《た》べものをつめこんでせっせと地面《じめん》の下《した》の巣《す》へ運《はこ》びます。

冬眠中《とうみんちゅう》、シマリスはたまに目《め》をさまし、ためておいたドングリを食《た》べます。食《た》べおわるとまた眠《ねむ》ります。

同《おな》じリスの仲間《なかま》でも、エゾリスは冬眠《とうみん》しません。真冬《まふゆ》の雪《ゆき》の中《なか》、わずかに残《のこ》った木《き》の実《み》や冬芽《とうが》を食《た》べます。秋《あき》に埋《う》めておいたクルミを食《た》べることもあります。でもシマリスのように1つの巣《す》に集《あつ》めるわけではなく、地面《じめん》のあちこちに埋《う》めておくので、さがすのは大変《たいへん》です。

厚着《あつぎ》で冬《ふゆ》を乗《の》りきるエゾリス

シマリスは「冬眠《とうみん》特異的《とくいてき》タンパク質《しつ》」という冬《とう》眠《みん》に必要《ひつよう》な物質《ぶっしつ》をもっていますが、エゾリスはもっていないので冬眠《とうみん》できません。

そのかわり、冬《ふゆ》になると毛《け》が長《なが》くなり、寒《さむ》さに備《そな》えます。また、秋《あき》の間《あいだ》にたくさん食《た》べてからだに脂肪《しぼう》をつけ、体重《たいじゅう》をふやします。

⬆エゾリスは夏《なつ》と冬《ふゆ》ではこんなに耳《みみ》の毛《け》の長《なが》さが違《ちが》う。

⬆冬眠中《とうみんちゅう》のシマリス。巣《す》の中《なか》はドングリがいっぱい。

【ミニデータ】撮影場所《さつえいばしょ》：北海道札幌市《ほっかいどうさっぽろし》。「まるでイソップ? 札幌《さっぽろ》リス物語《ものがたり》」

QUESTION 13

アイアイは木《き》の実《み》の中身《なかみ》を食《た》べるとき、なにを使《つか》う？

⬆マダガスカルにすむアイアイはサルのなかま。日本《にほん》では歌《うた》で有《ゆう》名《めい》だけど、マダガスカルの人《ひと》からはおそれられているよ。

1 長《なが》い舌《した》

2 長《なが》い指《ゆび》

3 木《き》の枝《えだ》

↑アイアイの指。針金のように細長いね。10cmくらいあるよ。

←これが指

↑指をはしのように使って、木の実の中身を食べるアイアイ。

↑ラミーという実の中にある石のようにかたいタネを、歯でけずっているところ。歯はなにかをけずっていないとのびてしまうんだって。

↑からだの大きさは30cmくらい。しっぽはからだより長くふさふさしているよ。

QUESTION 13 答え

② 長い指を使いわけて、かたい木の実を食べる

アイアイはかたいヤシの実の中にあるココナッツミルクが大好物です。まず、ヤシの実のカラに鋭い歯で穴をあけます。つぎに一番長く太い薬指で、穴を大きくします。そして針金のように細長い中指で、実の中のココナッツミルクをかきだして食べます。

ほかにラミーという実もよく食べます。ほかの動物が食べないかたい実を食べることで、アイアイは食べものをめぐる争いをせずに生きてこられたといわれています。

【ミニデータ】撮影場所：マダガスカル。「おサルさんだよ！アイアイ」

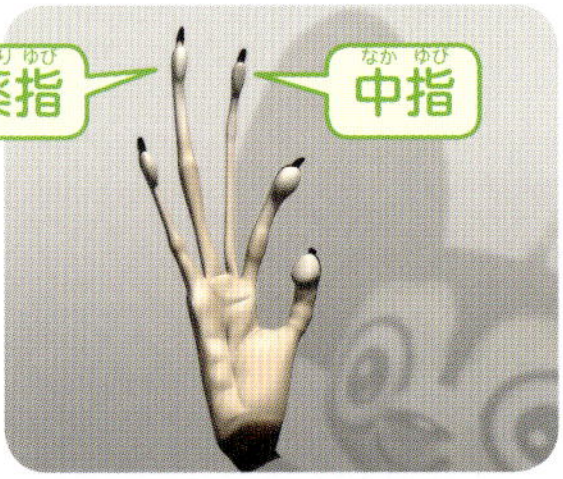

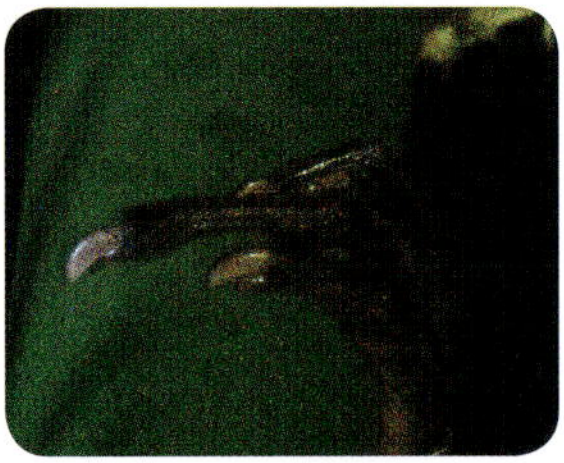

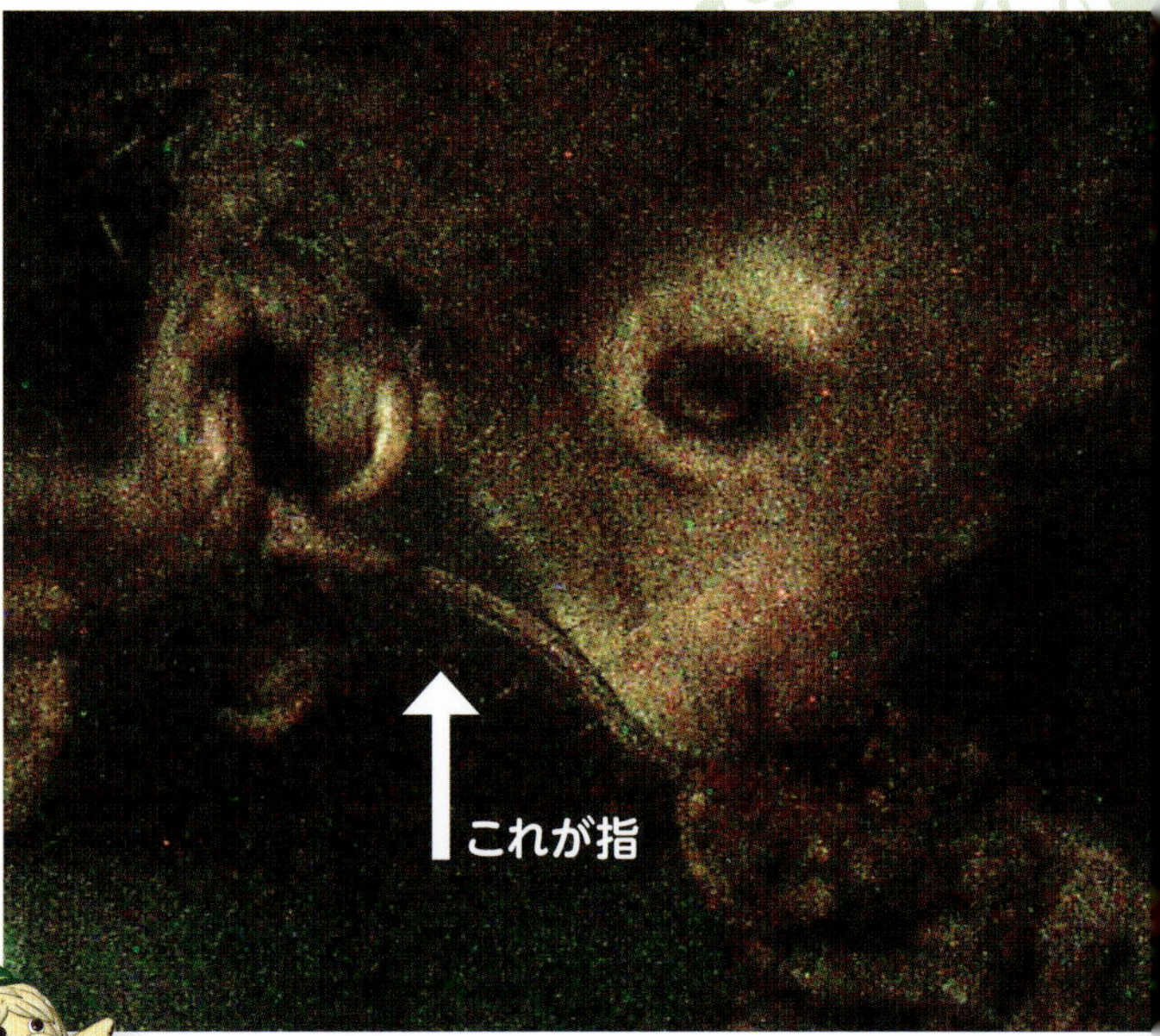

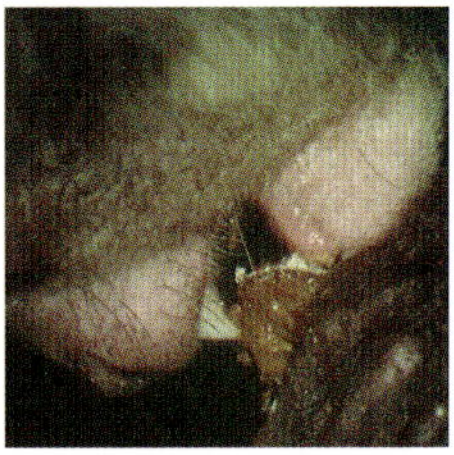

QUESTION 14

ハチのような動き《うご》のハチドリ。どうやって花《はな》のミツを吸《す》う？

⬆密林《みつりん》の宝石《ほうせき》と呼《よ》ばれる美《うつく》しいエメラルド色《いろ》をしたハチドリ。体長《たいちょう》7cmと小《ちい》さなからだなので飛《と》んでいる姿《すがた》は名前《なまえ》の通《とお》りハチのよう。

1 大《おお》きな花《はな》を見《み》つけて止《と》まる

2 空中《くうちゅう》にホバリングしてくちばしを入《い》れる

3 翼《つばさ》で花《はな》びらを抱《かか》えこむ

↑この体勢《たいせい》だと下向《したむ》きや袋状《ふくろじょう》など、どんな形《かたち》の花《はな》でもラクラク。

QUESTION 14

答《こた》え ② 空中停止《くうちゅうていし》が得意技《とくいわざ》！

1秒《びょう》に40回《かい》もの速《はや》さで翼《つばさ》を動《うご》かしているんだ

羽《はね》の音《おと》や飛《と》ぶ姿《すがた》、そして花《はな》のミツを主食《しゅしょく》にするところまでハチにそっくりなハチドリ。１回《かい》のはばたきが０・０２５秒《びょう》、つまり１秒間《びょうかん》に40回《かい》という速《はや》い翼《つばさ》の動《うご》きで、空中《くうちゅう》にホバリング（空中停止《くうちゅうていし》）したかと思《おも》えば、忍者《にんじゃ》のように素早《すばや》く瞬間移動《しゅんかんいどう》。こんな飛《と》び方《かた》をするのは鳥《とり》のなかまでもハチドリだけ。飛行中《ひこうちゅう》にからだをひねってブレーキをかけ、尾羽《おばね》を開《ひら》いて抵抗《ていこう》を小《ちい》さくしながら、翼《つばさ》を巧《たく》みに使《つか》いホバリングします。

素早《すばや》い動《うご》きで多《おお》いときは１日《にち》に千個《せんこ》も

ホバリングのときの羽《はね》の動《うご》きも
鳥《とり》じゃなくてハチにそっくり。
よほどハチになりたかったんだな

⬆ホバリングしながらからだを前後《ぜんご》させくちばしをつっこんで花《はな》のミツを吸《す》うよ。

の花《はな》を訪《おとず》れるといいます。高速《こうそく》で移動《いどう》するため、アクロバット飛行《ひこう》もハチドリの得意技《とくいわざ》。ミツを吸《す》うために速《はや》く飛《と》び、速《はや》く飛《と》ぶためにたくさんのミツを吸《す》うという不思議《ふしぎ》なしくみになっているのです。

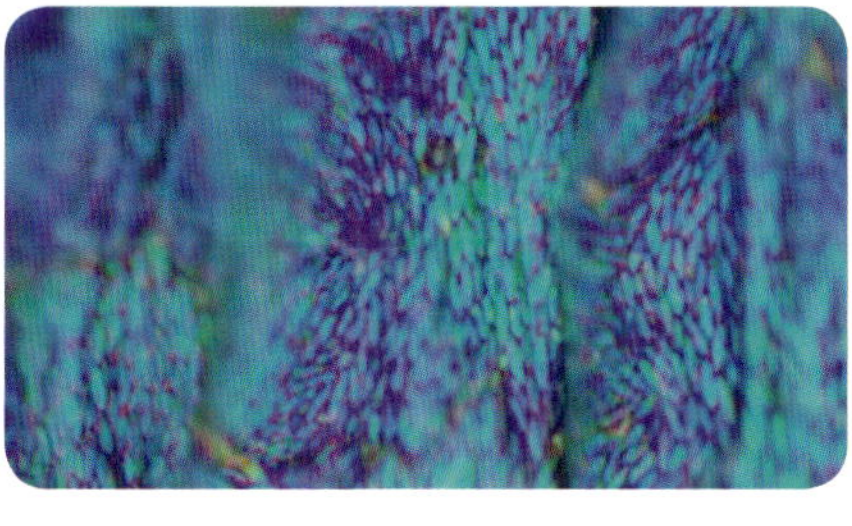

⬆枝《わざ》を軽々《かるがる》越《こ》えるアクロバット飛行《ひこう》もお手《て》のもの。
⬅羽《はね》の表面《ひょうめん》には小《ちい》さなツブがたくさんあり、反射《はんしゃ》して宝石《ほうせき》のように輝《かがや》くんだ。

⬆命《いのち》がかかっているからミツ争《あらそ》いでは激《はげ》しいケンカも。特《とく》に子育《こそだ》て中《ちゅう》の母鳥《ははどり》は必死《ひっし》。

飛《と》んでいないと死《し》んでしまう!?

ハチドリがとるミツの量《りょう》は体重《たいじゅう》の2〜8倍《ばい》。たくさんのミツを求《もと》めて、ものすごい速《はや》さで密林《みつりん》を飛《と》ぶのは生《い》きていくためなのです。ハチドリの心《しん》臓《ぞう》の収縮運動《しゅうしゅくうんどう》は飛《と》ぶときには千回《せんかい》にもなるといいます。ものすごいエネルギーが必要《ひつよう》なので、3、4時間《じかん》食《た》べないと死《し》んでしまうのです。

木《き》にとまっているときでもすぐに飛《と》びたてるよう準備《じゅんび》しているよ。

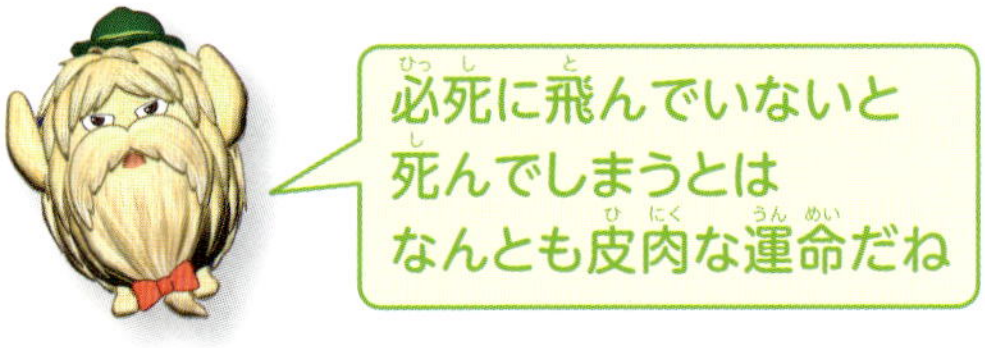

【ミニデータ】撮影場所《さつえいばしょ》：コスタリカ。「ハチになりたかった鳥《とり》」

QUESTION 15

シンリンオオカミはマスを食《た》べるとき、どこを残《のこ》す?

⬆秋《あき》にやってくるたくさんのマスにはオオカミに必要《ひつよう》な栄養《えいよう》があるんだ。

1 頭《あたま》

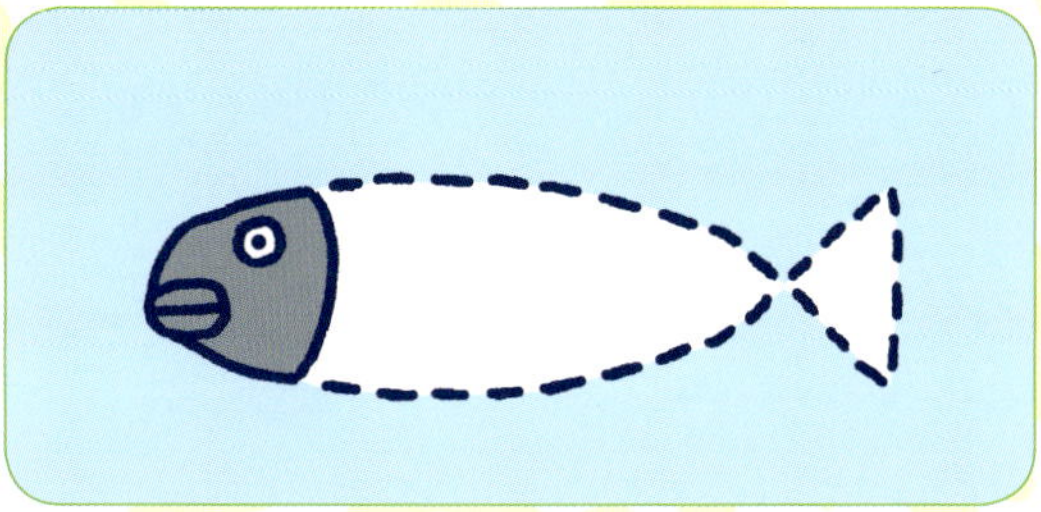

2 頭《あたま》以《い》外《がい》すべて

3 しっぽ以《い》外《がい》すべて

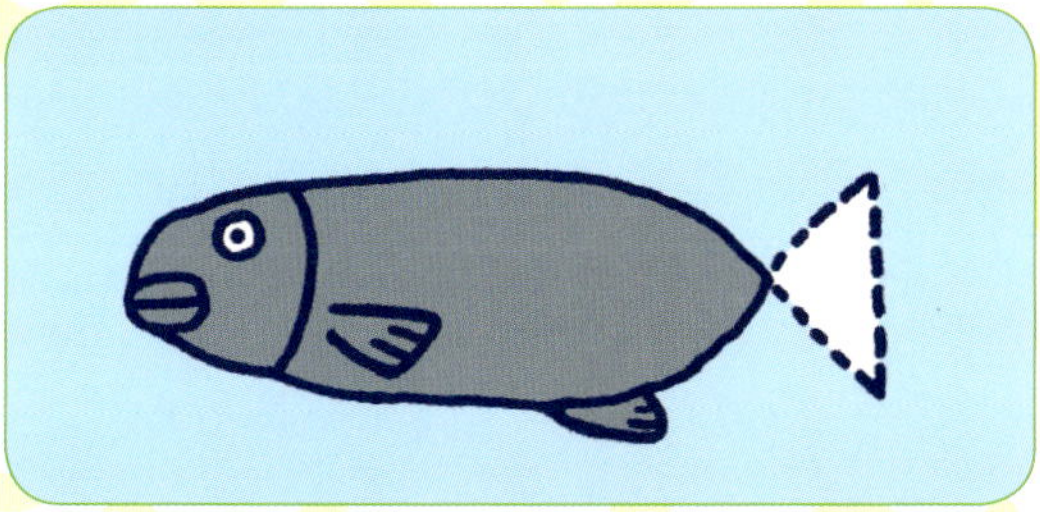

ふだんは深《ふか》い森《もり》で暮《く》らすシンリンオオカミ。秋《あき》になるとマスを食《た》べに河口《かこう》にやってくるよ。

⬆森《もり》の巣穴《すあな》から出《で》てきた子《こ》ども。生《う》まれて2か月《げつ》くらいだよ。

⬅群《む》れで暮《く》らすオオカミは父《ちち》親《おや》を頂点《ちょうてん》にきびしい上下関《じょうげかん》係《けい》があり、兄弟《きょうだい》でも順位《じゅんい》があるよ。馬乗《うまの》りで上《うえ》になっているオオカミは、順位《じゅんい》が上《うえ》!と伝《つた》えているんだ。

QUESTION 15 答《こた》え

② マスの頭《あたま》だけを食《た》べる

カナダの深《ふか》い森《もり》に暮《く》らすシンリンオオカミ。ふだんは森《もり》で狩《か》りをしていますが、秋《あき》になると、河口《かこう》にやってきてマスを食《た》べます。産《さん》卵《らん》にやってくるマスでいっぱいの河口《かこう》は、子《こ》どものオオカミにぴったりな狩《か》りの練習場《れんしゅうば》になります。

もったいないようですが、シンリンオオカミが食《た》べるのはマスの頭《あたま》だけ。マスにはオオカミに感染《かんせん》する細菌《さいきん》をもった寄生虫《きせいちゅう》がいるおそれがあり、特《とく》に内臓《ないぞう》とその周囲《しゅうい》はその可能性《かのうせい》が高《たか》いので、頭《あたま》しか食《た》べることができないのだそうです。

【ミニデータ】撮影場所《さつえいばしょ》：カナダ。「子《こ》どもオオカミ 大人《おとな》への第一歩《だいいっぽ》」

QUESTION 16

ラッパチョウという鳥《とり》の食《しょく》事《じ》方《ほう》法《ほう》はどれ？

アマゾンの森《もり》にすむラッパチョウ。名前《なまえ》のとおり声《こえ》が大《おお》きいよ。

1. 大《おお》きな声《こえ》で鳴《な》き、いっせいに集《あつ》まる虫《むし》を食《た》べる

2. 木《き》のウロで待《ま》ちぶせし、やってくるネズミを食《た》べる

3. サルが木《き》から落《お》とす実《み》を食《た》べる

⬆大《おお》きさは50cmくらい。白《しろ》い羽《はね》が目立《めだ》つね。

⬆なかよくならんで森《もり》を歩《ある》いて実《み》をさがすよ。群《む》れで暮《く》らすけれど、兄弟《きょうだい》や親子《おやこ》だけではないんだ。

➡クロクモザルは木《き》の実《み》を一口《ひとくち》食《た》べただけで落《お》とすから、サルが食事中《しょくじちゅう》の木《き》の下《した》には木《き》の実《み》がたくさん落《お》ちているんだ。

QUESTION 16 答《こた》え

③ 歩《ある》きまわってサルが落《お》とす実《み》をさがす

ラッパチョウは、ほとんど飛《と》びません。食《た》べものさがしはもっぱら地上《ちじょう》。でも、高《たか》い木《き》が立《た》ちならぶ熱帯雨林《ねったいうりん》では花《はな》や実《み》がつくのは木《き》の高《たか》いところで、地上近《ちじょうちか》くにはラッパチョウの食《た》べものは生《は》えていません。サルが落《お》とす食《た》べ残《のこ》しの木《き》の実《み》を拾《ひろ》って食《た》べます。

偶然《ぐうぜん》に実《み》が落《お》ちてくるのを待《ま》っているわけではありません。自分《じぶん》たちが食《た》べられる実《み》のなる木《き》の場所《ばしょ》を覚《おぼ》えていて、森中《もりじゅう》を歩《ある》きまわります。1日《にち》に5㎞も歩《ある》くといわれます。

地上《ちじょう》に実《み》が落《お》ちているのはサルが食《た》べているときか、食《た》べたすぐあとというタイミングも重要《じゅうよう》。目的《もくてき》の木《き》にたどり着《つ》いても木《き》の実《み》が落《お》ちていないこともあります。そんなときは次《つぎ》の木《き》までせっせと歩《ある》いて落《お》ちている実《み》をさがします。

【ミニデータ】撮影場所《さつえいばしょ》：ペルー。「ファイト! 鳥《とり》のアマゾン大行進《だいこうしん》」

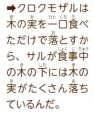

動物《どうぶつ》たちの生《い》き残《のこ》りバトル

森《もり》の王《おう》者《じゃ》決《けっ》定《てい》戦《せん》！

ヘラクレスオオカブト vs ネプチューンオオカブト

中央《ちゅうおう》アメリカから南《みなみ》アメリカの熱帯《ねったい》の深《ふか》い森《もり》に暮《く》らす世界最大《せかいさいだい》のカブトムシ、ヘラクレスオオカブト。大《おお》きくて長《なが》い胸《むね》の角《つの》と短《みじか》い頭《あたま》の角《つの》がりっぱです。南《みなみ》アメリカのエクアドルの森《もり》にそのすがたを追《お》いました。すると、そこでは、カブトムシ同士《どうし》の熱《あつ》いバトルがくり広《ひろ》げられていたのです。

ヘラクレスオオカブト
Dynastes hercules

全《ぜん》長《ちょう》：12～18cm（角《つの》をふくむ）／食《た》べもの：樹《じゅ》液《えき》／特《とく》徴《ちょう》：長《ちょう》短《たん》２本《ほん》の角《つの》とうすい茶《ちゃ》色《いろ》の前《まえ》ばねをもつ。前《まえ》ばねは、湿《しつ》度《ど》が上《あ》がると黒《くろ》くなる。

南《みなみ》アメリカの熱帯地域《ねったいちいき》には、深《ふか》いジャングルが広《ひろ》がっている。

雲《うん》霧《む》林《りん》の巨《きょ》大《だい》カブトムシ

南《みなみ》アメリカの熱帯《ねったい》の山地《さんち》に広《ひろ》がるジャングルは、湿度《しつど》が高《たか》くて雨《あめ》が多《おお》く、霧《きり》や雲《くも》がいつもかかっているので「雲《うん》霧《む》林《りん》」と呼《よ》ばれています。こうした森《もり》の中《なか》に、大型《おおがた》のカブトムシがたくさんすんでいます。

雲《うん》霧《む》林《りん》の中《なか》でも、山《やま》の高《たか》いところには世界《せかい》で第《だい》2位《い》の大《おお》きさのネプチューンオオカブト、低《ひく》いところにはゾウカブトのなかまといったように、山《やま》の高《たか》さですみわけをしています。ヘラク

ヘラクレスオオカブト（左《ひだり》）とネプチューンオオカブト（右《みぎ》）が出《で》会《あ》った。バトルの開《かい》始《し》か!?

レスオオカブトは、低《ひく》い場《ば》所《しょ》から高《たか》い場《ば》所《しょ》にかけて暮《く》らしています。木《き》の上《うえ》でカブトムシどうしが出《で》くわしたら、バトル開《かい》始《し》です。

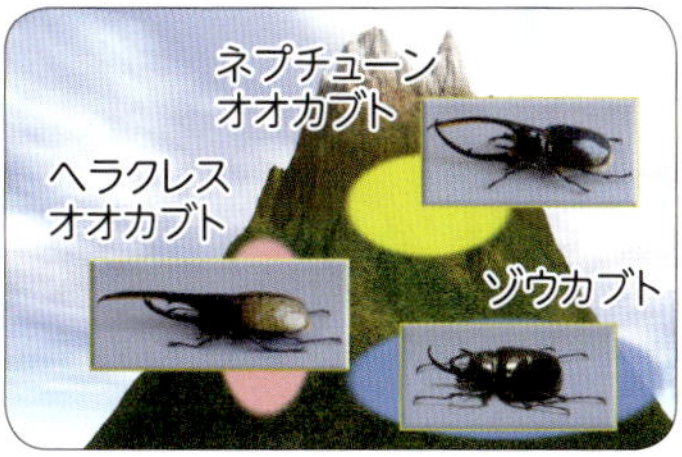

⬆ヘラクレスオオカブトは標高《ひょうこう》が高《たか》いところにいるほうが大型《おおがた》になる。

バトル開始《かいし》!

深《ふか》い森《もり》の中《なか》、1本《ぼん》の木《き》の枝《えだ》の上《うえ》で2種《しゅ》類《るい》の大《おお》型《がた》カブトムシが出《で》会《あ》いました。世《せ》界《かい》最《さい》大《だい》のカブトムシ、ヘラクレスオオカブトと、第《だい》2位《い》のネプチューンオオカブトです。ヘラクレスオオカブトは2本《ほん》の角《つの》を低《ひく》くかまえ、ネプチューンオオカブトは2本《ほん》の大《おお》きな角《つの》と短《みじか》い2本《ほん》の角《つの》をふりかざします。勝《しょう》負《ぶ》は、どちらかが枝《えだ》から落《お》とされるか、逃《に》げ出《だ》すまでつづきます。

にじりよるヘラクレスオオカブト。

にらみ合《あ》いのあと、ヘラクレスオオカブトが一歩《いっぽ》進《すす》むと、迫力《はくりょく》に負《ま》けたのか、ネプチューンオオカブトは後《あと》ずさりします。その一瞬《いっしゅん》のすきをついて、ヘラクレスがタックル。ネプチューンのからだを、横《よこ》から2本《ほん》の角《つの》ではさみ、エイヤッと持《も》ち上《あ》げてふりまわしました。ネプチューンも力強《ちからづよ》いあしで、がしっと木《き》の枝《えだ》をつかみますが、こらえきれずにふり落《お》とされてしまいました。

ひげがあったほうが
強《つよ》いですと!?

⬆ヘラクレスオオカブトの強《つよ》さのひみつは、この角《つの》に生《は》えた毛《け》だった。毛《け》がすべり止《と》めになって、持《も》ち上《あ》げた相手《あいて》のからだをはなさない。

ネプチューンが思《おも》わず後《あと》ずさると……
そのすきに高速《こうそく》タックル！
巨体《きょたい》を持《も》ち上《あ》げた！
エイッとうっちゃり！

⬆枝《えだ》の下側《したがわ》にまでもつれこんでも決《き》まらない。

ヘラクレスオオカブトVSヘラクレスオオカブト

ヘラクレスオオカブト同士《どうし》が出会《であ》ってもバトルははじまります。争《あらそ》うのはオスたち。食《た》べものの場《ば》所《しょ》やメスをめぐって、戦《たたか》うのです。ヘラクレスオオカブト同士《どうし》の戦《たたか》いも、どちらかが逃《に》げ出《だ》すか、相手《あいて》をふり落《お》とすまでつづきます。

どうやらこのヘラクレスオオカブト同士《どうし》の実力《じつりょく》は、同《おな》じくらいのようです。右《みぎ》のヘラクレスがぐいっと力《ちから》でおしていきますが、左《ひだり》のヘラクレスは、あしをふんばってこらえ、勝負《しょうぶ》は枝《えだ》の裏側《うらがわ》へと場《ば》所《しょ》を移《うつ》しました。それでも勝負《しょうぶ》はもつれこんで決《き》まりません。

ふたたび枝《えだ》の上《うえ》で向《む》かい合《あ》って、もう一度《いちど》正《しょう》面《めん》からぶつかり合《あ》います。今度《こんど》は左《ひだり》のヘラクレスがもうれつな突進《とっしん》！　大《おお》きな角《つの》ではさんで持《も》ち上《あ》げました！　これには右《みぎ》のヘラクレスも戦《せん》意喪失《いそうしつ》。勝負《しょうぶ》が決《き》まりました。

しきりなおして……

強《つよ》い力《ちから》でしめ上《あ》げられてギブアップ!
角《つの》の力《ちから》が強《つよ》いほうが勝《か》つ!

知《し》ってる?　巨大《きょだい》カブトムシベスト10!

パンパカパーン!　世界《せかい》のカブトムシ・大《おお》きさ（全長《ぜんちょう》）ベスト10を発表《はっぴょう》します。順位《じゅんい》は下《した》の表《ひょう》のとおり。アジアから2種類《しゅるい》。そのほかは中央《ちゅうおう》・南《みなみ》アメリカ出身《しゅっしん》です。

1 ヘラクレス オオカブト（中南米）	6 ゾウカブト（中米）
2 ネプチューン オオカブト（南米）	7 ヤヌス ゾウカブト（南米）
3 マルス ゾウカブト（南米）	8 ギアス ゾウカブト（南米）
4 アクタエオン ゾウカブト（中南米）	9 サタン オオカブト（南米）
5 コーカサス オオカブト（アジア）	10 モーレンカンプ オオカブト（アジア）

第《だい》3位《い》のマルスゾウカブト（左《ひだり》）は全《ぜん》長約《ちょうやく》14cm。4位《い》のアクタエオンゾウカブト（下《した》）は全長約《ぜんちょうやく》13.5cmにもなる。

カブトムシVSクワガタムシ

ここで、日本《にほん》の森《もり》に目《め》を向《む》けてみましょう。日本《にほん》でもカブトムシは昆虫《こんちゅう》の王者《おうじゃ》。しかし、南《みなみ》アメリカにはいないライバルが日本《にほん》の森《もり》にはいるのです。それはクワガタムシ。日本《にほん》のカブトムシは先《さき》のほうがわかれた長《なが》い角《つの》と、短《みじか》い角《つの》が特徴《とくちょう》。クワガタムシは、2本《ほん》の長《なが》い大《おお》あごが特徴《とくちょう》です。じつは角《つの》のように見《み》えるのは、口《くち》の一部《いちぶ》が変化《へんか》した大《おお》あごなのです。

⬆カブトムシ（上《うえ》）は2本《ほん》の角《つの》、ノコギリクワガタ（下《した》）は、のこぎりのような大《おお》あごをもつ。

深夜《しんや》の森《もり》で、カブトムシとクワガタムシの1種《しゅ》・ノコギリクワガタが出会《であ》いました。カブトムシは長《なが》い角《つの》でノコギリクワガタをはじきとばそうとし、ノコギリクワガタは、カブトムシをはさんで投《な》げとばそうとします。

勝負《しょうぶ》は一瞬《いっしゅん》！　カブトムシが長《なが》い角《つの》を低《ひく》くかまえ、大《おお》あごをふりかざすノコギリクワガタのからだの下《した》に差《さ》しこむと、一《いっ》気《き》に持《も》ち上《あ》げ、投《な》げとばしました。

➡樹液《じゅえき》の前《まえ》で向《む》かい合《あ》うカブトムシとノコギリクワガタ。

さっと大《おお》きな角《つの》を下《さ》げ……
ノコギリクワガタの下《した》に、ぐっと角《つの》を差《さ》しこんだ！
一気《いっき》に持《も》ち上《あ》げ……
エイッと投《な》げとばす！
か～！ぶっとい角《つの》じゃのう。

カブトムシのパワーくらべ

カブトムシとノコギリクワガタの勝負《しょうぶ》では、たいていはカブトムシが勝《か》ちます。カブトムシのほうが、からだが大《おお》きく力《ちから》が強《つよ》いからです。カブトムシとノコギリクワガタの力《ちから》の差《さ》はどれくらいあるのか、特別《とくべつ》な機械《きかい》ではかってみました。すると、カブトムシが角《つの》で持《も》ち上《あ》げる力《ちから》は

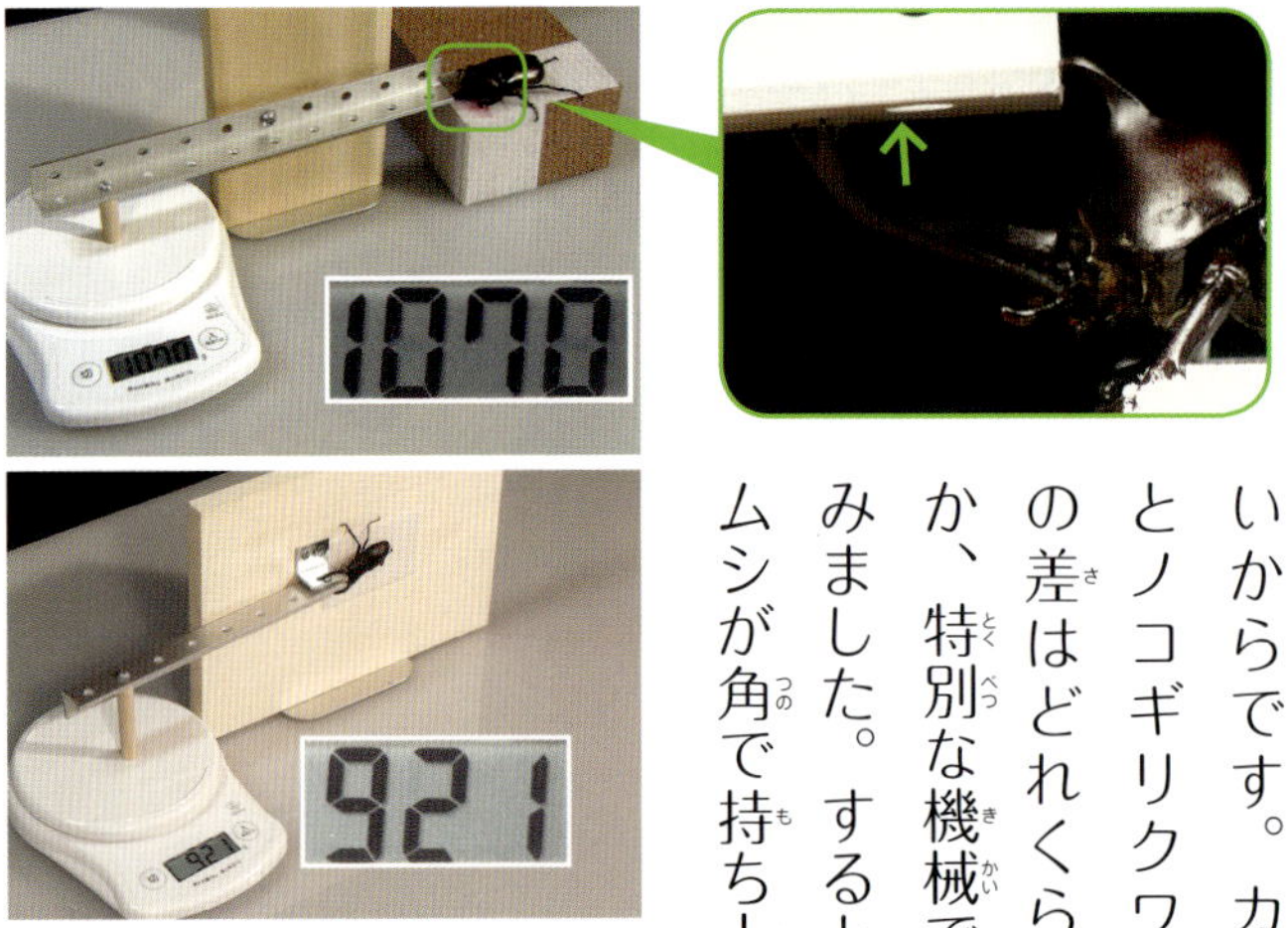

⬆金具《かなぐ》をおし上げる力《ちから》をはかりに伝《つた》える機械《きかい》（右上《みぎうえ》）。カブトムシは力《ちから》持《も》ち（上《うえ》）、ノコギリクワガタもなかなか（下《した》）。

1070g。ノコギリクワガタが大《おお》あごではさむ力《ちから》は921gと、カブトムシのほうがやはり力持《ちからも》ち。小《ちい》さなからだで1kgのものを持《も》ち上《あ》げるなんておどろきです。

カブトムシにパワーでは負《ま》けてしまうノコギリクワガタですが、カブトムシの技《わざ》が角《つの》で持《も》ち上《あ》げるだけなのに対《たい》し、ノコギリクワガタは多彩《たさい》な技《わざ》をもっています。そのうちの代《だい》表的《ひょうてき》な3つを紹介《しょうかい》しましょう。

まずは大《おお》あごで相手《あいて》をはさみ、持《も》ち上《あ》げて投《な》げる技《わざ》。まるで「上手投《うわてな》げ」です。よく使《つか》う技《わざ》がこれ。つぎは、大《おお》あごを相手《あいて》のからだの下《した》に差《さ》し入《い》れ、持《も》ち上《あ》げて投《な》げる「下手投《したてな》げ」。最後《さいご》は相手《あいて》の大《おお》あごを、自分《じぶん》の大《おお》あごではさんで、引《ひ》っかけるように投《な》げる「挟《はさ》み投《な》げ」。こうした技《わざ》で、クワガタムシ同士《どうし》の戦《たたか》いだけではなく、カブトムシに勝《か》つことだってあります。

バトルはつづく…

カブトムシやクワガタムシが戦《たたか》うのは、食《た》べものやメスをめぐってのことです。とはいえ、カブトムシのオス同士《どうし》の戦《たたか》いの場合《ばあい》、角《つの》の大《おお》きさをくらべ合《あ》って、小《ちい》さいほうがすごすごと逃《に》げ出《だ》してしまうこともあります。むやみな戦《たたか》いはさけて、けがをしない平和《へいわ》な勝《しょう》負《ぶ》もあるのです。

カブトムシにも勝《か》つ!? ノコギリクワガタの得意技《とくいわざ》ベスト3!

知《し》ってる？ 樹液《じゅえき》は昆虫《こんちゅう》のレストラン

カブトムシは、食《た》べものである樹液《じゅえき》をとり合《あ》って戦《たたか》うことがよくあります。樹液《じゅえき》とは、カミキリムシなどが木《き》に傷《きず》つけたところからしみ出《で》る液《えき》。チョウやハチ、カナブンなど、さまざまな昆虫《こんちゅう》の大好物《だいこうぶつ》です。

樹液《じゅえき》には、ノコギリクワガタやオオムラサキ、アオカナブンも集《あつ》まる。

第3章

驚《おどろ》き！ジリスの長いしっぽの使いみち

QUESTION 17

これはジャクソンカメレオンのあるもの。なんだろう？

⬆ジャクソンカメレオンの全長《ぜんちょう》は30cmくらい。3本《ぼん》ある角《つの》がかっこいいね。

1 ふん

2 赤《あか》ちゃん

3 脱皮《だっぴ》したぬけがら

⬆葉《は》っぱの上《うえ》に産《う》み落《お》とされた赤《あか》ちゃん。ふんのような形《かたち》から
あっという間《ま》にカメレオンの姿《すがた》になるよ。

QUESTION 17

答《こた》え ②ふんをするように赤《あか》ちゃんを産《う》む

は虫類《ちゅうるい》なのに卵《たまご》を産《う》まない

カメレオンはカメやヘビと同《おな》じは虫類《ちゅうるい》です。子《こ》どもはふつう卵《たまご》から産《う》まれ、カメレオンも多《おお》くの種類《しゅるい》が地面《じめん》を掘《ほ》って卵《たまご》を産《う》みます。でも、ジャクソンカメレオンのすむケニアの森《もり》は、気温《きおん》が0℃ほどに下《さ》がり、霜《しも》が降《お》りるほど冷《ひ》えることがあります。冷《つめ》たい地面《じめん》では卵《たまご》をかえすことはできないので、いきなり赤《あか》ちゃんを産《う》むようになったといわれています。

お母《かあ》さんは、葉《は》や枝《えだ》に落《お》とすようにポタポタと赤《あか》ちゃんを産《う》みます。薄《うす》い膜《まく》におおわれた赤《あか》ちゃ

⬆ジャクソンカメレオンの子《こ》ども。
角《つの》がまだ短《みじか》いね。

獲物《えもの》はいないかな
キョロ
キョロ
見《み》つけた!

とった!!

んは、その膜《まく》をあっという間《ま》にやぶって動《うご》きはじめます。大《おお》きさは5㎝くらい。からだが乾《かわ》くと、ひとりで歩《ある》きはじめ獲《え》物《もの》をさがします。

からだの動《うご》きはスロー。でも舌《した》の動《うご》きは超高速《ちょうこうそく》。

大《おお》きな目《め》は、左右《さゆう》ちがう方向《ほうこう》へ動《うご》かすことができるので、一度《いちど》にいろいろな方《ほう》向《こう》が見《み》わたせます。この目《め》で獲物《えもの》の虫《むし》をさがし、見《み》つけたら、気《き》づかれないようにゆっくり近《ちか》づき、30㎝もある舌《した》をのばして、一瞬《いっしゅん》のうちに虫《むし》をとります。

舌《した》が飛《と》びだし、虫《むし》をとらえて口《くち》に入《い》れるまで、わずか0・3秒《びょう》。舌《した》の先《さき》は接着《せっちゃく》剤《ざい》のようにベトベトしているため、獲物《えもの》はくっついてしまうのです。

⬆ヘビに出《で》くわし、からだが板《いた》のようになったよ。

枝《えだ》の色《いろ》とそっくりですな

変身《へんしん》は意外《いがい》と地味《じみ》

カメレオンは派手《はで》にからだの色《いろ》を変《か》えると思《おも》われていますが、それは一部《いちぶ》の種類《しゅるい》で、多《おお》くはわりと地味《じみ》。ジャクソンカメレオンも興奮《こうふん》すると明《あか》るい色《いろ》になり、おびえると黒《くろ》ずむという地味《じみ》なタイプです。

⬆ヘビやタカ、ワシなど敵《てき》を見《み》つけるとからだが黒《くろ》くなるよ。敵《てき》から見《み》つかりにくくなるね。

【ミニデータ】撮影場所《さつえいばしょ》：ケニア。「シリーズスローライフ②カメレオンのらりくらり」

QUESTION 18

砂《さ》漠《ばく》にすむジリスは長《なが》いしっぽをなにに使《つか》う?

⬆アフリカ、カラハリ砂《さ》漠《ばく》にすむジリス。頭《あたま》からおしりまでは25㎝ほど。しっぽは、からだの半《はん》分《ぶん》くらいあるよ。

1 しっぽでそうじする

2 日《ひ》よけにする

3 しっぽで立《た》ち、遠《とお》くを見《み》張《は》る

⬅⬆太陽《たいよう》の位置《いち》にあわせてしっぽの向《む》きを変《か》えて、しっぽの影《かげ》がからだをおおうようにするよ。

QUESTION 18

答《こた》え ②

しっぽを日《ひ》がさ代《が》わりに、食《た》べものをさがす

ジリスの暮《く》らす砂漠《さばく》では、日中《にっちゅう》の地面《じめん》の温度《おんど》が40℃以上《いじょう》になります。ジリスは40℃を超《こ》えると動《うご》けません。

でも、しっぽで太陽《たいよう》の直射日光《ちょくしゃにっこう》をさえぎれば、からだに感《かん》じる温度《おんど》は5℃下《さ》がります。たったの5℃でも、食《た》べものをさがしに動《うご》きまわれる時間《じかん》が、倍以上《ばいいじょう》になるのです。砂漠《さばく》では食《た》べものをさがしに時間《じかん》がかかります。しっぽのおかげで、敵《てき》の動物《どうぶつ》が暑《あつ》くて昼寝《ひるね》をしている間《あいだ》に活動《かつどう》できます。

⬆しっぽをふくらませて大《おお》きく見《み》せて、コブラを追《お》いはらったよ!

【ミニデータ】撮影場所《さつえいばしょ》：アフリカ、カラハリ砂漠《さばく》。「しっぽに技《わざ》あり! 砂漠《さばく》のリス」

QUESTION 19

この中《なか》にアユカケという魚《さかな》がいるよ。どこにいるかな？

⬆アユカケ。体長《たいちょう》20㎝くらい。カジカのなかまでアユを食《た》べるよ。

⬆ヒント：石《いし》みたいな顔《かお》だよ。

⬆居場所《いばしょ》によってからだの色《いろ》を変身《へんしん》!

⬆からだの黒《くろ》い線《せん》も石《いし》に化《ば》けるのに役立《やくだ》つよ。

QUESTION 19 答《こた》え
石《いし》にそっくりでしょ

石《いし》に化《ば》けるのは、石《いし》につく藻《も》を食《た》べようとやってくる魚《さかな》を食《た》べるためです。

アユカケの顔《かお》は石《いし》のようにまるくなっていますが、ほかにも石《いし》に化《ば》けるのに役立《やくだ》っているところがあります。からだの3本《ぼん》の黒《くろ》い線《せん》。ほかの魚《さかな》はこの線《せん》が石《いし》と石《いし》の間《あいだ》のすき間《ま》だと思《おも》い、アユカケが石《いし》3個《こ》に見《み》えるようです。からだの色《いろ》も変《か》えられます。砂《すな》が多《おお》い川《かわ》底《ぞこ》ではまだらもように、灰色《はいいろ》の石《いし》が多《おお》いところでは灰色《はいいろ》に、茶色《ちゃいろ》の岩《いわ》の横《よこ》では茶色《ちゃいろ》に。魚《さかな》にしては見《み》事《ごと》な変身《へんしん》ぶりです。

【ミニデータ】撮影場所《さつえいばしょ》：和歌山県古座川《わかやまけんこざがわ》。「おみごと! 石《いし》に化《ば》けた魚《さかな》」

QUESTION 20

国《くに》の天《てん》然《ねん》記《き》念《ねん》物《ぶつ》、アユモドキという魚《さかな》はどこで見《み》られる？

⬆しまもようがきれいなアユモドキ。成長《せいちょう》すると、しまもようがなくなり、アユに似《に》ているため、名前《なまえ》がつけられたよ。

1 住《じゅう》宅《たく》地《ち》の用《よう》水《すい》路《ろ》

2 暖《あたた》かい南《みなみ》の島《しま》の川《かわ》

3 北《きた》国《ぐに》の水《みず》のきれいな湖《みずうみ》

⬆住宅地《じゅうたくち》に流《なが》れる用水路《ようすいろ》と古《ふる》い石垣《いしがき》。アユモドキは、この用水路《ようすいろ》のほかに岡山《おかやま》や京都《きょうと》の川《かわ》の一部《いちぶ》にしかすんでいないよ。

⬆アユモドキは、淡水魚《たんすいぎょ》（川《かわ》や湖《みずうみ》など塩分《えんぶん》をほとんど含《ふく》まないところにすむ魚《さかな》）で、ドジョウのなかま。大《おお》きさは15cmくらい。ヒゲが6本《ぽん》あるよ。

QUESTION 20 答《こた》え

① 江戸時代《えどじだい》からある用水路《ようすいろ》にすんでいる。

アユモドキは、絶滅《ぜつめつ》が心配《しんぱい》されている魚《さかな》ですが、岡山県《おかやまけん》のある地域《ちいき》の用水路《ようすいろ》にすんでいます。その用水路《ようすいろ》は、江戸時代《えどじだい》につくられ、両側《りょうがわ》にはコンクリートで固《かた》められていない古《ふる》い石垣《いしがき》も残《のこ》っています。アユモドキは、そんな石垣《いしがき》のすき間《ま》にすんでいます。

アユモドキは、用水路《ようすいろ》とつながっている田《た》んぼへ行《い》って卵《たまご》を産《う》み、子《こ》どもの魚《さかな》は再《ふたた》び用水路《ようすいろ》にもどってきます。

この地域《ちいき》では、用水路《ようすいろ》につながっている休耕田《きゅうこうでん》（稲《いね》をつくるのをやめている田《た》んぼ）で、卵《たまご》を産《う》めるようにしたり、夏《なつ》になると水草《みずくさ》を刈《か》って水《みず》が汚《よご》れるのを防《ふせ》いだり、住《す》んでいる人《ひと》たちがアユモドキを大切《たいせつ》にしています。

【ミニデータ】撮影場所《さつえいばしょ》：岡山県《おかやまけん》。「幻《まぼろし》の魚《さかな》が用水路《ようすいろ》にいた!」

QUESTION 21

マッコウクジラが吹《ふ》く潮《しお》の形《かたち》はどれ?

⬆マッコウクジラはメスとその子《こ》どもの群《む》れで暮《く》らすよ。大人《おとな》のオスはひとりで暮《く》らすんだ。

1 ふんわりしたハートの形《かたち》

2 噴水《ふんすい》のようなV字《じ》の形《かたち》

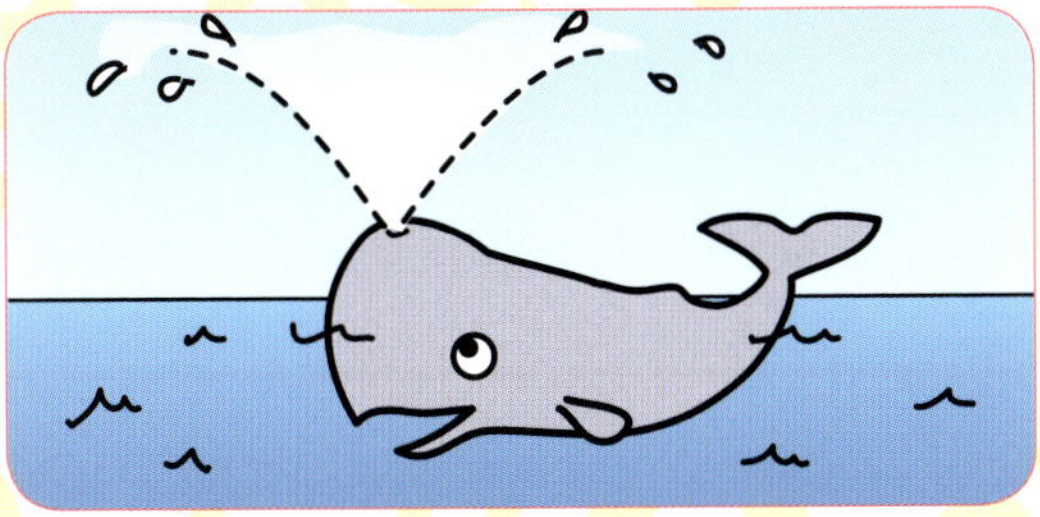

3 斜《なな》め左《ひだり》から一直線《いっちょくせん》の形《かたち》

マッコウクジラの潮吹《しおふ》きは左斜《ひだりなな》めに一直線《いっちょくせん》。

←コククジラの潮《しお》吹《ふ》きはハートの形《かたち》。

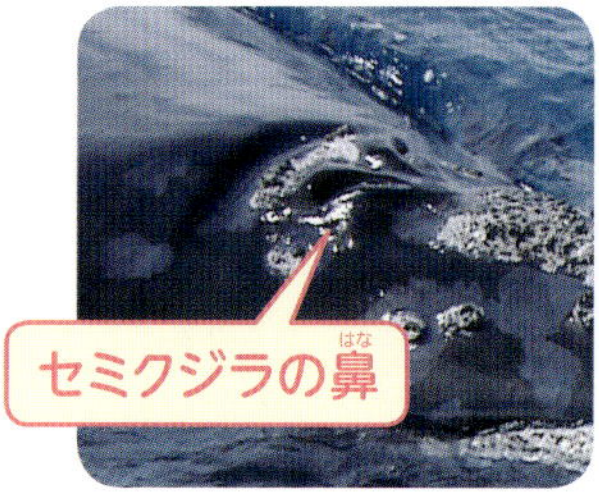

←セミクジラの潮《しお》吹《ふ》きは、V字《じ》の形《かたち》。

QUESTION 21 答《こた》え

③頭《あたま》の先《さき》にある鼻《はな》から、斜《なな》め左《ひだり》へ一直線《いっちょくせん》に潮《しお》を吹《ふ》く。

クジラの種類《しゅるい》により潮《しお》吹《ふ》きの形《かたち》もいろいろ

クジラは鼻《はな》の穴《あな》から潮《しお》を吹《ふ》きだします。種類《しゅるい》によって鼻《はな》の形《かたち》はさまざまで、潮《しお》吹《ふ》きの形《かたち》もちがいます。前《ぜん》ページのクイズの質問《しつもん》にあったハートの形《かたち》はコククジラ、V字《じ》の形《かたち》はセミクジラの潮《しお》吹《ふ》きです。

クジラの多《おお》くは背中《せなか》に鼻《はな》がありますが、マッコウクジラは、頭《あたま》の先端《せんたん》、やや左《ひだり》にあります。深《ふか》い海《うみ》を行《い》ったり来《き》たりするので、水面《すいめん》と頭《あたま》の先《さき》にあったほうが息《いき》つぎに便利《べんり》なのかもしれません。

マッコウクジラは全長《ぜんちょう》18mもある大《おお》きなものもいる。からだの3分《ぶん》の1が頭《あたま》。頭《あたま》が重《おも》りの役目《やくめ》をして逆立《さかだ》ちするようにもぐるよ。

1時間《じかん》くらい息《いき》つぎしないでもぐれる

マッコウクジラは、もぐるのが得意《とくい》。最高《さいこう》3000mももぐれるようです。10分《ぷん》くらいかけて海《うみ》の深《ふか》いところまでもぐり、20分《ぷん》ほど獲物《えもの》をさがし、また10分《ぷん》かけて水面《すいめん》にもどってきます。ほとんど1日中《にちじゅう》くり返《かえ》し深《ふか》い海《うみ》と水面《すいめん》を行《い》ったり来《き》たりして、一生《いっしょう》の3分《ぶん》の2は深《ふか》い海《うみ》ですごすといわれています。

1時間《じかん》ほど息《いき》つぎをしないで、もぐっていられるのは、取《と》りこんだ酸素《さんそ》をからだのすみずみまではこんで、筋肉《きんにく》の細胞《さいぼう》にためこむことができるからです。からだ全体《ぜんたい》が酸素《こうそ》のタンクのようなしくみになっているのです。

⬆➡マッコウクジラの口《くち》はからだのわりに小《ちい》さいんだ。はしのように細長《ほそなが》くてものをつかみやすいよ。

種類《しゅるい》によって
口《くち》の形《かたち》もこんなに
ちがうんだね

⬆ザトウクジラは大《おお》きな口《くち》で、水面《すいめん》の小魚《こざかな》やプランクトンを一気《いっき》に食《た》べるよ。

なぜわざわざ深《ふか》い海《うみ》へ行《い》くのか?

水面《すいめん》近《ちか》くには、ライバルが多《おお》く、素早《すばや》く泳《およ》ぐ魚《さかな》たちに獲物《えもの》を先取《さきど》りされてしまいます。深《ふか》い海《うみ》には、食《た》べものになる巨大《きょだい》なイカがいて、ライバルも少《すく》ないから、食《た》べものをひとりじめできるのです。大《おお》きなイカもつかまえやすいように、マッコウクジラの口《くち》は細長《ほそなが》い形《かたち》をしています。

【ミニデータ】撮影場所《さつえいばしょ》：小笠原諸島付近《おがさわらしょとうふきん》。「密着《みっちゃく》! 深海《しんかい》の巨大《きょだい》クジラ」

QUESTION 22

トゲだらけの巨大《きょだい》なサボテン。鳥《とり》たちとの意外《いがい》なかかわりとは？

⬆砂漠《さばく》の生《い》きものたちの生活《せいかつ》に深《ふか》くかかわっているサボテン。北《きた》アメリカのソノラ砂漠《さばく》だけで300種類《しゅるい》も見《み》ることができる。

1 巣《す》としてすみかに

2 超音波《ちょうおんぱ》を出《だ》して飛《と》ぶ方向《ほうこう》を指示《しじ》

3 くちばしの掃除道具《そうじどうぐ》に

⬆脚力《きゃくりょく》の強《つよ》いロードランナーは、巣《す》へジャンプ。トゲがうまく巣《す》を隠《かく》してくれる。

QUESTION 22

答《こた》え

❶ 鋭《するど》いトゲも使《つか》い方《かた》ひとつで安全《あんぜん》に！

飛《と》べない鳥《とり》にとってはトゲのすみかがぴったり

巨《きょ》大《だい》なサボテンがたくさん見《み》られるソノラ砂《さ》漠《ばく》はアメリカとメキシコにまたがってあります。なかでも鋭《するど》いトゲをもったチョヤサボテンに巣《す》をつくっている鳥《とり》がいます。ロードランナーというこの鳥《とり》は飛《と》ぶのが苦《にが》手《て》で、地《じ》面《めん》を歩《ある》くのがおもな移《い》動《どう》手《しゅ》段《だん》。だからほかの鳥《とり》のように高《たか》い場《ば》所《しょ》には巣《す》づくりができず、ヘビなどの敵《てき》からヒナを守《まも》るために、サボテンのトゲの陰《かげ》に巣《す》をつくるのです。

　気《き》をつけないとロードランナーにもトゲがささってしまいます。翼《つばさ》を使《つか》い巧《たく》み

⬆天敵《てんてき》のガラガラヘビもトゲで撃退《げきたい》。

茎《くき》ごと地面《じめん》に落《お》ちたトゲが
外敵《がいてき》から守《まも》ってくれるんだね

⬆釣《つ》り針状《ばりじょう》でささったらなかなか抜《ぬ》けないトゲ。

にトゲをかわすのも知恵《ちえ》のひとつ。

キツツキもまたサボテンに巣《す》をつくります。水分《すいぶん》を多《おお》く含《ふく》んだサボテンの幹《みき》につくった巣《す》は涼《すず》しくて快適《かいてき》。キツツキは毎年《まいとし》新《あたら》しい巣《す》をつくるので、古《ふる》い巣《す》は別《べつ》の鳥《とり》が再利用《さいりよう》していることも多《おお》いのです。

⬆アコーディオン状態《じょうたい》の断面《だんめん》になっていて、ひだの内部《ないぶ》に大量《たいりょう》の水《みず》をたくわえられるしくみ。

恵《めぐ》みの水《みず》のタンクとして大活躍《だいかつやく》のサボテン

サボテンは内部《ないぶ》に大量《たいりょう》の水《みず》を貯蔵《ちょぞう》することができます。巨《きょ》大《だい》なサワロサボテンだと30t《トン》以上《いじょう》も水《みず》をたくわえていて、重量《じゅうりょう》の80%を占《し》めるほど。水《みず》をムダにしないよう、水《みず》が蒸発《じょうはつ》しやすい葉《は》ではなくトゲになっているのです。水《みず》タンクの役割《やくわり》はもちろん、食用《しょくよう》としても人《ひと》や生《い》きもののために役立《やくだ》っています。

➡実《み》や茎《くき》など料理《りょうり》にサボテンを使《つか》うことも。

サボテンの味《あじ》はなかなかおいしいと評判《ひょうばん》だよ! 薬《くすり》としても使《つか》われている

【ミニデータ】撮影場所《さつえいばしょ》：アメリカ、メキシコ国境《こっきょう》・ソノラ砂漠《さばく》。「巨大《きょだい》サボテンに生《い》きる」

QUESTION 23

穴《あな》から顔《かお》を出《だ》す この生《い》きものの正体《しょうたい》は？

⬆アメリカのプレーリーと呼《よ》ばれる大草原《だいそうげん》で見《み》られるよ。

1 アナモグラ

2 アナホリフクロウ

3 アナホリトカゲ

⬆穴《あな》にしまっておいた獲物《えもの》を出《だ》したよ。体長《たいちょう》は20㎝くらい。脚《あし》が長《なが》くて走《はし》るのが得意《とくい》!

⬆アナホリフクロウのヒナ。ふわふわのうぶ毛《げ》がかわいいね。

⬆巣穴《すあな》からでてきたアナホリフクロウ。フクロウのなかまなのに昼間《ひるま》に活動《かつどう》するよ。

QUESTION 23

答《こた》え

② アナホリフクロウは、プレーリードッグの巣穴《すあな》を借《か》りて子育《こそだ》てする

「穴掘《あなほ》り」フクロウという名前《なまえ》なのに、自分《じぶん》では穴《あな》を掘《ほ》りません。春《はる》になると南《みなみ》からやってきてプレーリードッグの巣穴《すあな》で子育《こそだ》てをします。プレーリードッグはたくさんの巣穴《すあな》を持《も》っているので、その中《なか》から余《あま》っている穴《あな》をちょっと拝借《はいしゃく》しています。

日中《にっちゅう》に地面《じめん》の温度《おんど》が45℃になっても、巣穴《すあな》の中《なか》は15℃くらい。たくさん獲物《えもの》がとれたときは、穴《あな》にしまっておき、穴《あな》は食料貯蔵庫《しょくりょうちょぞうこ》にも利用《りよう》しています。

穴以外《あないがい》にもプレーリードッグのお世話《せわ》になっているのは、鳴《な》き声《ごえ》。敵《てき》が近《ちか》づくとなかまに知《し》らせあうプレーリードッグの警告《けいこく》の声《こえ》は、身《み》を守《まも》るために利用《りよう》しています。

【ミニデータ】撮影場所《さつえいばしょ》：アメリカ。「フクロウ一家《いっか》　びっくり地下生活《ちかせいかつ》」

QUESTION 24

ちょっと変《か》わったナマクアカメレオン。どんなところにすんでいる？

⬆口先《くちさき》から尾《お》のつけ根《ね》までは15㎝くらい。カメレオンのなかまではふつうの大《おお》きさだよ。

1 アフリカの砂丘《さきゅう》

2 北極《ほっきょく》の氷上《ひょうじょう》

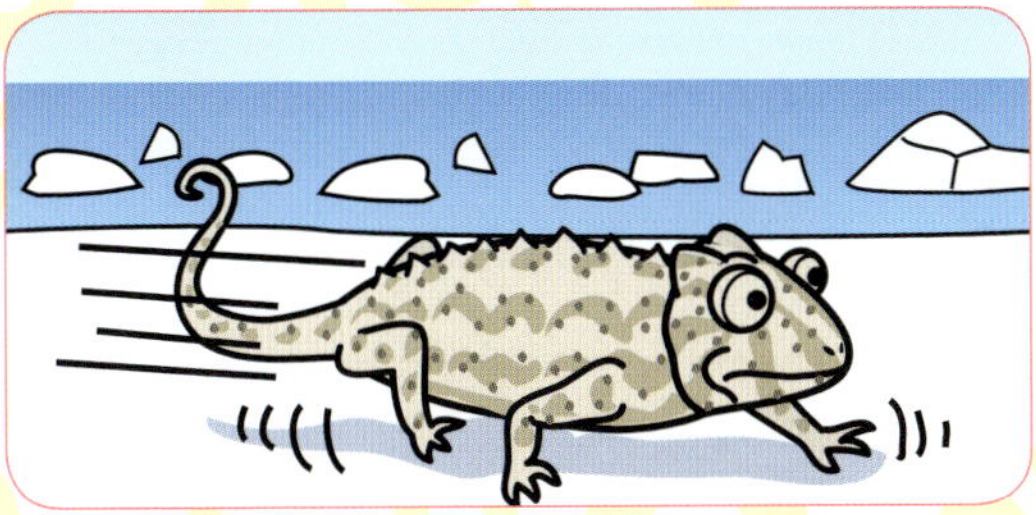

3 ヒマラヤの高山《こうざん》

砂丘《さきゅう》を走《はし》る
ナマクア
カメレオン

⬆気温《きおん》が低《ひく》い朝《あさ》はからだを黒《くろ》くして太《たい》陽《よう》の熱《ねつ》であたためるよ。

⬆好物《こうぶつ》のゴミムシダマシをキャッチ!

QUESTION 24 答《こた》え

1 砂丘《さきゅう》に暮《く》らし、獲《え》物《もの》を追《お》いかけて走《はし》る

多《おお》くのカメレオンは木《き》の上《うえ》で暮《く》らし、ゆっくりスローな動《うご》きが特徴《とくちょう》。でも、ナマクアカメレオンは砂丘《さきゅう》、しかも地《じ》面《めん》の上《うえ》で暮《く》らし、猛《もう》スピードで走《はし》って獲《え》物《もの》をとります。

かつて砂《さ》漠《ばく》になる前《まえ》には緑《みどり》があり、ナマクアカメレオンの祖《そ》先《せん》は木《き》の上《うえ》で暮《く》らしていたと考《かんが》えられています。

乾《かん》燥《そう》が進《すす》み、砂《さ》漠《ばく》となり、チョウやバッタなどの食《た》べものがとれなくなり、ゴミムシダマシくらいしか食《た》べものがなくなってしまった……そこで素《す》早《ばや》く動《うご》くゴミムシダマシをとらえるために速《はや》く走《はし》れるものが生《い》き残《のこ》ったと考《かんが》えられています。

【ミニデータ】撮《さつ》影《えい》場《ば》所《しょ》：アフリカ、ナミブ砂《さ》漠《ばく》。「走《はし》れカメレオン」

第4章

知《し》られざる生《い》きものたちのスゴ技《わざ》

ハンティングのスゴ技《わざ》

カエルアンコウ

魚《さかな》なのに、にせのえさを使《つか》って魚《さかな》をつる

カエルアンコウは、ずんぐりむっくりした体《たい》型《けい》ですが、魚《さかな》のなかまで、関東地方《かんとうちほう》から南《みなみ》の海《うみ》で見《み》られます。魚《さかな》なのに泳《およ》ぎは苦手《にがて》で、獲物《えもの》をさがすときは歩《ある》いて移動《いどう》。胸《むな》ビレと腹《はら》ビレを使《つか》ってゆっくり歩《ある》きます。

素早《すばや》く泳《およ》いで獲物《えもの》を追《お》いかけられないカエルアンコウの狩《か》りの基本《きほん》は、周囲《しゅうい》の岩《いわ》や海《かい》そうなどにまぎれて、獲物《えもの》に気《き》づかれないようにそっと歩《ある》いて近《ちか》づくなどして、一瞬《いっしゅん》のスピードでとらえることです。

口《くち》が開《ひら》きはじめてから獲物《えもの》がのみこまれるまで、わずか0・25秒。カエルアンコウの口《くち》の中《なか》の容積《ようせき》は、広《ひろ》げるとふだんの12倍《ばい》以上《いじょう》になります。口《くち》を一瞬《いっしゅん》で広《ひろ》げるため強《つよ》い吸引力《きゅういんりょく》が生《う》まれ、ほんの一瞬《いっしゅん》で獲物《えもの》を吸《す》い込《こ》むことができるのです。

また、にせのえさを使《つか》って、魚《さかな》をつること

←ふつうの魚《さかな》にくらべると、胸《むな》ビレの位置《いち》が後《うし》ろで、腹《はら》ビレが前《まえ》についているんだ。ヒレを足《あし》のように使《つか》って歩《ある》くよ。

にせのえさをふって魚《さかな》を
おびきよせて、いただき!
パクリ!
スゴ技

もあります。背《せ》ビレが変化《へんか》してできたエスカという器官《きかん》は、多《おお》くの魚《さかな》が好《この》むゴカイやイソメのなかまに似《に》ていて、ひらひらふると魚《さかな》たちは近《ちか》づいてくるので、その瞬間《しゅんかん》にとらえます。

でも、にせのえさは、逆《ぎゃく》に自分《じぶん》が食《た》べられてしまうような大《おお》きな魚《さかな》を呼《よ》び寄《よ》せる危険《きけん》もあります。エスカを食《た》べられてなくしてしまうこともありますが、ふたたび生《は》えてきます。

パクリ!
スゴ技

⬆じっとしていると、岩《いわ》のようで目立《めだ》たないから、魚《さかな》はこんな近《ちか》くまでやってくる。そこを、まるのみ!

●カエルアンコウに関《かん》するクイズは、「驚《おどろ》きのはなれワザ編《へん》」の73ページにあるよ!

ハンティングのスゴ技《わざ》

アカショウビン

獲物《えもの》との距離《きょり》や位置《いち》を飛《と》びながらチェック

まっかなクチバシのアカショウビンは、火《ひ》の鳥《とり》とも呼《よ》ばれる森《もり》にすむ名《めい》ハンターです。大《おお》きさは27㎝くらいでハトより少《すこ》し小《ちい》さいカワセミのなかま。ダイビングするような見事《みごと》な飛行術《ひこうじゅつ》で、素早《すばや》く獲物《えもの》をとらえます。

見《み》とおしのよい高《たか》い枝《えだ》から獲物《えもの》を見《み》つけると、カニやヤドカリのいる地面《じめん》まで急降下《きゅうこうか》してつかまえます。翼《つばさ》を開《ひら》いて急《きゅう》ブレーキをかけて、地《じ》面《めん》にぶつからないようにコントロールします。不安定《ふあんてい》な葉《は》っぱの上《うえ》のキリギリスは、空中《くうちゅう》でキャッチ。木《き》の幹《みき》にいるトカゲには、気《き》づかれないように木《き》の裏《うら》からまわりこんで飛《と》び、木《き》にぶつかることなくつかまえます。わずか0.15秒《びょう》の素早《すばや》さです。

飛《と》びながら、獲物《えもの》との距離《きょり》、位置《いち》をしっかりチェックして、つかまえる直前《ちょくぜん》にクチバシを開《ひら》きます。動《うご》いているものを見《み》る力《ちから》にすぐ

←大《おお》きくきれいなクチバシで、小《ちい》さなカニもかんたんにゲット!

⬅翼《つばさ》を開《ひら》いて、急《きゅう》ブレーキをかけて地面《じめん》のヤドカリをしとめるんだ。

➡木《き》の幹《みき》のトカゲはまわりこんで飛《と》びながらとるよ。

れ、翼《つばさ》を上手《じょうず》に使《つか》った飛行術《ひこうじゅつ》があるからできるスゴ技《わざ》のハンティングです。

西表島《いりおもてじま》では、民家《みんか》の畑《はたけ》でもアカショウビンの姿《すがた》が見《み》られます。畑《はたけ》は森《もり》よりも見《み》とおしがよく、獲物《えもの》の虫《むし》やミミズなどが豊富《ほうふ》で、狩《か》りがしやすいのでしょう。夜明《よあ》け前《まえ》には、街灯《がいとう》に集《あつ》まる虫《むし》をつかまえる姿《すがた》も目撃《もくげき》されました。

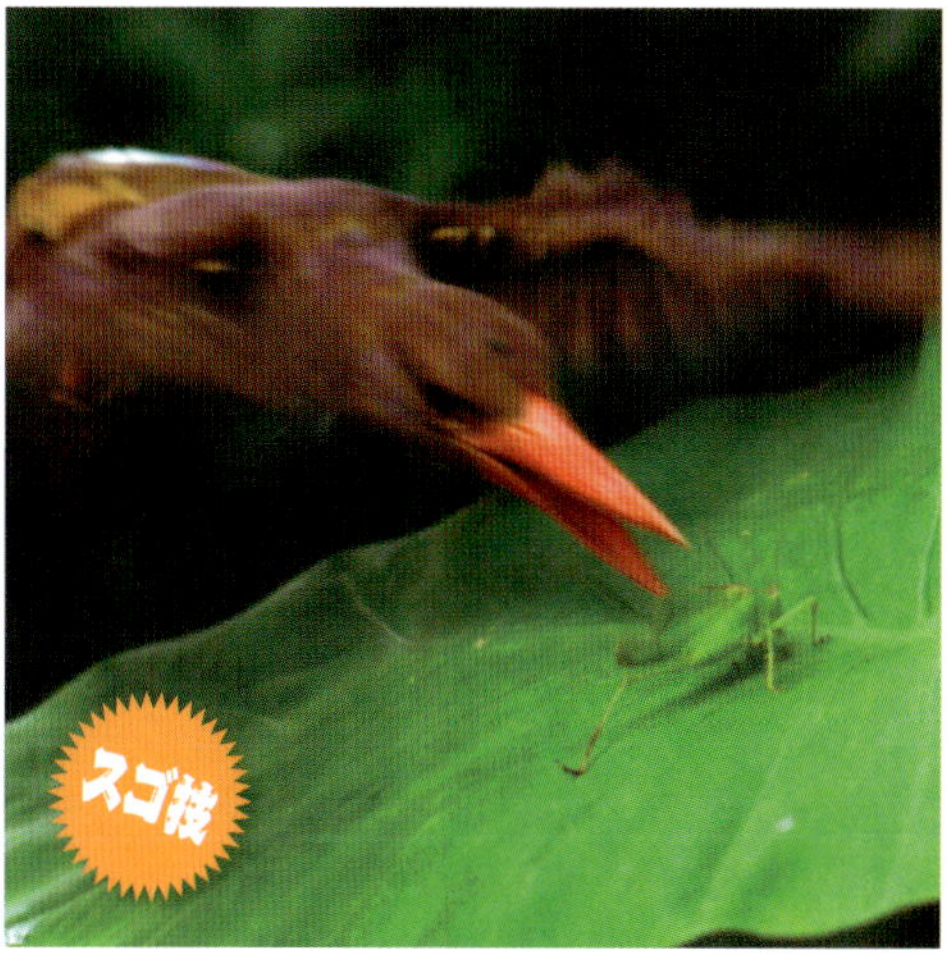

⬆葉《は》っぱの上《うえ》のキリギリスも逃《に》げる間《ま》も与《あた》えず、つかまえるよ。

●アカショウビンに関《かん》するクイズは、「子育《こそだ》てのふしぎ編《へん》」の35ページにあるよ!

ハンティングのスゴ技《わざ》

古代魚《こだいぎょ》アロワナ

水中《すいちゅう》からジャンプして木《き》の上《うえ》の虫《むし》をとる

アマゾンにすむアロワナは、1億年《おくねん》以上《いじょう》も前《まえ》からほとんど姿《すがた》を変《か》えずに生《い》きてきた古代魚《こだいぎょ》です。背《せ》びれから尾《お》ビレや尻《しり》ビレまでがひとつづきになっていて、速《はや》く泳《およ》ぐのは苦手《にがて》です。

アマゾンでは雨《あめ》が半年《はんとし》ほどふりつづく雨季《うき》になると、森《もり》にまで水《みず》があふれて地面《じめん》が水浸《みずびた》しになります。乾季《かんき》には川《かわ》で小魚《こざかな》を食《た》べているアロワナですが、雨季《うき》になると小魚《こざかな》たちは川《かわ》から水《みず》があふれた森《もり》へ移動《いどう》。木《き》の枝《えだ》や葉《は》がじゃまで小《こ》魚《ざかな》を見《み》つけにくくなってしまいます。また、泳《およ》ぎが遅《おそ》いアロワナは、水中《すいちゅう》ではほかの魚《さかな》に獲物《えもの》をとられてしまいます。

そこでなんと水中《すいちゅう》からジャンプして木《き》の上《うえ》の虫《むし》をとります。乾季《かんき》に地面《じめん》にいた虫《むし》たちは、雨季《うき》には木《き》の上《うえ》にたくさん集《あつ》まり、さがしやすくなります。ワザの決《き》め手《て》は、ジャンプをする前《まえ》に水面《すいめん》ぎりぎりで虫《むし》の位置《いち》をチェック

⬅大《おお》きなからだをSの字《じ》に曲《ま》げて、水《みず》を下《した》に押《お》すことで推進力《すいしんりょく》を出《だ》すんだ。

して、ねらいを定《さだ》めること。からだをSの字《じ》に曲《ま》げて、水《みず》を下《した》へ押《お》して推進力《すいしんりょく》を生《う》みだして一気《いっき》に跳《と》ぶこと。大《おお》きな口《くち》をめいっぱいあけることなどにあります。泳《およ》ぎは遅《おそ》いけれど、ジャンプには平《ひら》たいからだが役《やく》に立《た》っているようです。

⬆大《おお》きな口《くち》をめいっぱいあけて虫《むし》を逃《に》がさないよ。

●アロワナに関《かん》するクイズは、この本《ほん》の17ページにあるよ!

ハンティングのスゴ技《わざ》

ライオン

力《ちから》だけじゃない！チームワークよく頭脳《ずのう》的《てき》！

アフリカの王者《おうじゃ》ライオンは、いつも獲物《えもの》を追《お》って闘《たたか》っているイメージがありますが、ふだんはごろごろ寝《ね》てばかり。これはおなかが減《へ》らないようにするためで、３日《か》ほど寝《ね》てすごすこともあるそうです。

ライオンはリーダーのオス、複数《ふくすう》のメスとその子《こ》どもたちの群《む》れで暮《く》らしています。狩《か》りをするのはメスたちです。狩《か》りはいつも成功《せいこう》するわけではありません。走《はし》るのが速《はや》い草食動物《そうしょくどうぶつ》より、ライオンの足《あし》は遅《おそ》く、逃《に》げられることもしばしばです。

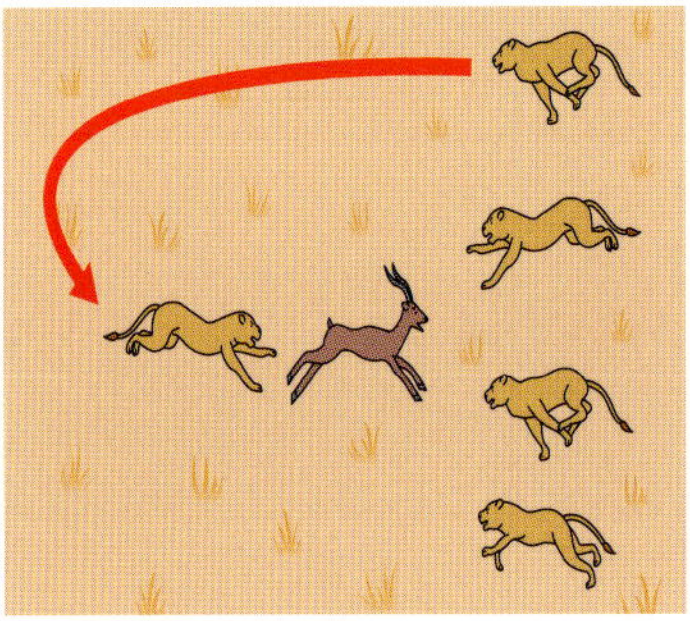

←待《ま》ちぶせ作戦《さくせん》。最初《さいしょ》に４頭《とう》で横《よこ》１列《れつ》に並《なら》び、次《つぎ》に１頭《とう》が獲物《えもの》の反対側《はんたいがわ》にまわりこんで姿《すがた》を見《み》せる。あわてて逃《に》げる獲物《えもの》の行《ゆ》く手《て》には待《ま》ちぶせしている３頭《とう》がいるというしくみ。

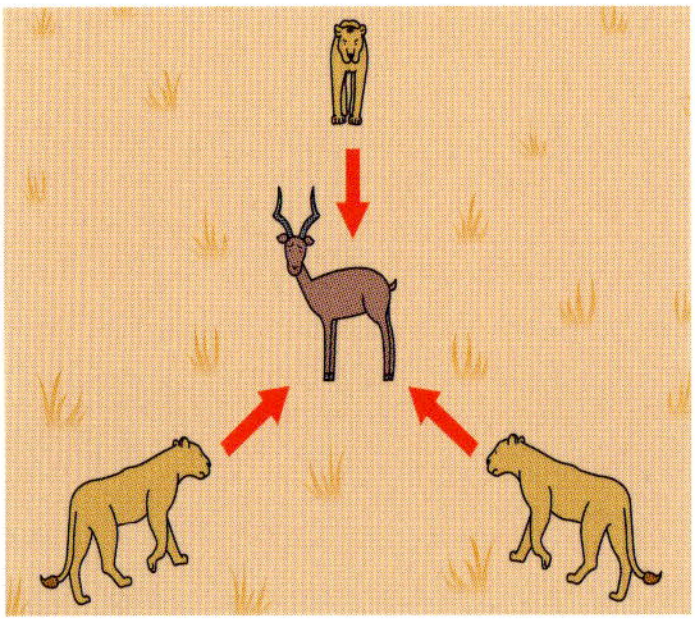

←包囲網作戦《ほういもうさくせん》。遠《とお》くから３匹《びき》で獲物《えもの》をかこみ、三角形《さんかっけい》を保《たも》ったまま少《すこ》しずつ獲物《えもの》に近《ちか》づいていく。１頭《とう》が獲物《えもの》に向《む》かっていき、逃《に》げたところを残《のこ》りのライオンがしとめる。

➡足《あし》を浮《う》かして馬乗《うまの》りになって、全体重《ぜんたいじゅう》をかけて倒《たお》すよ。そのとき長《なが》いツメが強力《きょうりょく》な武器《ぶき》になる。獲物《えもの》に食《く》いこめば振《ふ》り落《お》とされないよ。

⬆上下《じょうげ》に2本《ほん》ずつあるキバは、長《なが》さが7cmくらいあるんだ。

　そこでメスたちは、待《ま》ちぶせしたり、まわりを取《と》りかこんだり、見事《みごと》な陣形《じんけい》で、獲物《えもの》をねらいます。頭脳的《ずのうてき》でチームワークのよい狩《か》りです。獲物《えもの》さえ、つかまえてしまえば、強力《きょうりょく》な武器《ぶき》、鋭《するど》いキバでとどめを刺《さ》します。

　こうした狩《か》りのようすを子《こ》どもたちは見学《けんがく》し、テクニックを学《まな》んでいます。ふだんも、大人《おとな》が獲《え》物《もの》の役《やく》になり、子《こ》どもに追《お》わせたり、タックルをさせたり、狩《か》りの練習台《れんしゅうだい》になる姿《すがた》も目撃《もくげき》されています。

●ライオンに関《かん》するクイズは、「子育《こそだ》てのふしぎ編《へん》」の15ページ、「進化《しんか》のふしぎ編《へん》」の73ページにあるよ!

変身《へんしん》のスゴ技《わざ》

ヘラクレスオオカブト

昼《ひる》は木《き》の幹《みき》に合《あ》わせてからだの色《いろ》が黄色《きいろ》に！

カブトムシといえば黒《くろ》いからだですが、ヘラクレスオオカブトは、明《あか》るい黄金色《こがねいろ》のような色《いろ》をしているときがあります。ヘラクレスオオカブトの羽《はね》には、細《こま》かい穴《あな》や溝《みぞ》がたくさんあり、そこに水分《すいぶん》が入《はい》ると黒《くろ》くなります。昼間《ひるま》、日《ひ》が当《あ》たると、羽《はね》が乾《かわ》くので黄色《きいろ》くなりますが、日《ひ》が当《あ》たらず羽《はね》が湿《しめ》ると黒《くろ》くなります。

ヘラクレスオオカブトがすむのは南《みなみ》アメリカのアンデスの森《もり》です。夜《よる》や暗《くら》い茂《しげ》みの中《なか》では、からだが黒《くろ》いほうが敵《てき》に見《み》つからずにすみます。逆《ぎゃく》に日《ひ》が当《あ》たるところでは黄色《きいろ》いほうが目立《めだ》ちません。まわりに合《あ》わせてからだの色《いろ》を変《か》えているのです。

ヘラクレスオオカブトは夜行性《やこうせい》の昆虫《こんちゅう》だと思《おも》われていましたが、昼間《ひるま》も活動的《かつどうてき》です。からだの色《いろ》が変《か》わるので、昼間《ひるま》も堂々《どうどう》と動《うご》きまわれるのかもしれません。

⬆さすがカブトムシの横綱《よこづな》! 長《なが》い角《つの》で、ネプチューンオオカブトを投《な》げ飛《と》ばす!ヘラクレスオオカブトは、日本《にほん》のカブトムシの2倍以上《ばいいじょう》の大《おお》きさで、15～18cmくらいあるよ。

●ヘラクレスオオカブトに関《かん》するクイズは、「進化《しんか》のふしぎ編《へん》」の35ページにあるよ!

変《へん》身《しん》のスゴ技《わざ》

ミナミハナイカ

カラフルに、地《じ》味《み》に！ からだの色《いろ》で身《み》を守《まも》る

ミナミハナイカの大《おお》きさは７㎝くらいです。小《ちい》さなからだの色《いろ》を変《か》えて獲《え》物《もの》に近《ちか》づいたり、敵《てき》から身《み》を守《まも》ったりしています。

背《はい》景《けい》にとけこむような地《じ》味《み》な色《いろ》は、獲《え》物《もの》にそっと近《ちか》づくときに気《き》づかれずにすむだけでなく、敵《てき》から身《み》を隠《かく》すときにも効《こう》果《か》的《てき》です。

ランの花《はな》のような派《は》手《で》な色《いろ》も、敵《てき》から身《み》を守《まも》るための大《だい》事《じ》な技《わざ》。遠《とお》くの敵《てき》には地《じ》味《み》な色《いろ》で身《み》を隠《かく》しますが、近《ちか》くの敵《てき》に見《み》破《やぶ》られたら、派《は》手《で》な色《いろ》になることで、敵《てき》に食《た》べる気《き》をなくさせます。それでも敵《てき》があきらめないときは、墨《すみ》を吐《は》

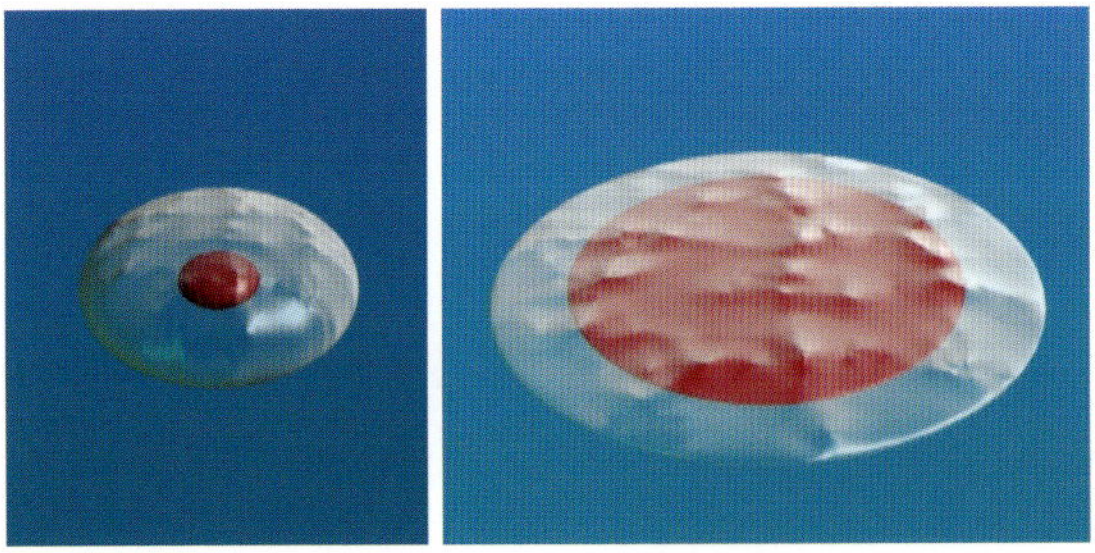

⬆からだの色《いろ》の変《へん》化《か》は、皮《ひ》膚《ふ》にある色《しき》素《そ》胞《ほう》のなせる技《わざ》! 色《しき》素《そ》胞《ほう》を大《おお》きくひっぱると色《いろ》が現《あらわ》れ、小《ちい》さくすると、白《しろ》くなる。

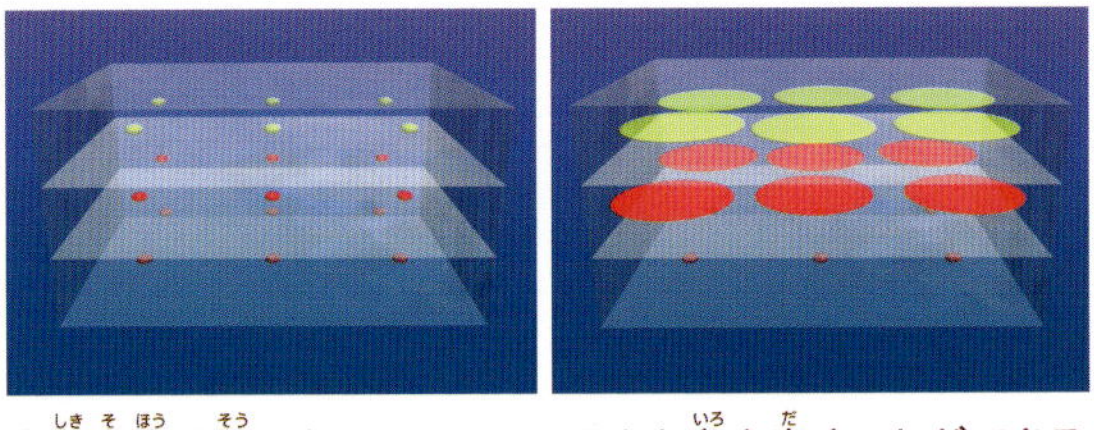

⬆色《しき》素《そ》胞《ほう》は層《そう》になっていて、いろんな色《いろ》を出《だ》すことができるよ。たとえば黄《き》色《いろ》と赤《あか》色《いろ》の色《しき》素《そ》胞《ほう》を大《おお》きくすると、オレンジ色《いろ》になるんだ。

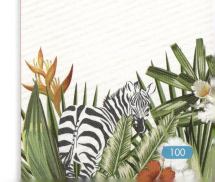

いて逃《に》げるのだそうです。

色《いろ》を変《か》えるしくみは、皮膚《ひふ》にある色素胞《しきそほう》のはたらきです。色素胞《しきそほう》は細胞《さいぼう》の一部《いちぶ》で小《ちい》さな色《いろ》の粒《つぶ》があります。大《おお》きく引《ひ》っぱられると、色《いろ》の粒《つぶ》が広《ひろ》がって皮膚《ひふ》に色《いろ》が現《あらわ》れます。逆《ぎゃく》に小《ちい》さくなると色《いろ》の粒《つぶ》が小《ちい》さくなり、白《しろ》く見《み》えます。色《いろ》の粒《つぶ》は茶色《ちゃいろ》だけでなく、赤《あか》や黄色《きいろ》の色素胞《しきそほう》が層《そう》になっています。色素胞《しきそほう》の色《いろ》の組《く》み合《あ》わせで、さまざまな色《いろ》を出《だ》すことができるのです。

まわりと同《おな》じ色《いろ》に変身《へんしん》!
スゴ技

地味《じみ》な色《いろ》に変身《へんしん》!
スゴ技

まるで花《はな》みたい!
スゴ技

⬆花《はな》びらのようにひらひらしているのは腕《うで》だよ。

●ミナミハナイカに関《かん》するクイズは、「進化《しんか》のふしぎ編《へん》」の53ページにあるよ!

変身《へんしん》のスゴ技《わざ》

ツノゼミ

植物《しょくぶつ》、ふん、敵《てき》がこわがる生《い》きものの姿《すがた》にそっくり

中央《ちゅうおう》アメリカのコスタリカのツノゼミのなかまは、物《もの》まねがとっても上手《じょうず》です。

何匹《なんびき》もが集《あつ》まって、木《き》のトゲや葉脈《ようみゃく》、コケのように見《み》えるものや、1匹《ぴき》でも、ふんや枯《か》れて曲《ま》がった茎《くき》に姿《すがた》を似《に》せるなど思《おも》いがけないものをまねるもの、敵《てき》がこわがる生《い》きもののまねをするものなど、種類《しゅるい》によってさまざまな姿《すがた》で物《もの》まねをします。

ツノゼミたちは、鳥《とり》やトカゲなど、たくさんの敵《てき》にいつもねらわれています。物《もの》まねで敵《てき》の目《め》をあざむき、身《み》を隠《かく》しているのです。でも、

●物《もの》まねのためにからだのかたちを変《か》えてきた

バラノトゲツノゼミ

ミカヅキツノゼミ

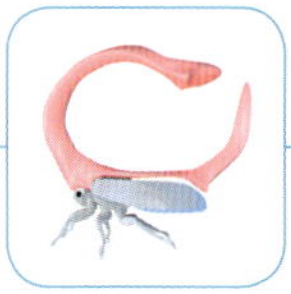

アリツノゼミ

⬆写真《しゃしん》のツノゼミは、形《かたち》や色《いろ》がちがって、似《に》たところがないけれど、どの虫《むし》も「ツノゼミ科《か》」というグループのなかま。図《ず》のように、それぞれの角《つの》をとってみるとよくわかるよ。角《つの》の形《かたち》がちがうだけで、羽《はね》やあしなどのからだの形《かたち》はほとんど同《おな》じ。ツノゼミの角《つの》は背中《せなか》の一部《いちぶ》が種類《しゅるい》ごとに変化《へんか》して、カサのように全身《ぜんしん》をおおっているんだ。

●物《もの》まねのためにからだのかたちを変《か》えてきた

木《き》のトゲみたい!
スゴ技

⬆バラノトゲツノゼミは、コスタリカでよく見《み》られるトゲトゲの木《き》をまねているんだ。ずらりと並《なら》んで物《もの》まねするよ。

葉《は》っぱの葉脈《ようみゃく》になりきる!
スゴ技

⬆まだ日本語《にほんご》の名前《なまえ》がないけれど、ツノゼミのなかまなんだ。背中《せなか》に細《こま》かいトゲやまだらのもようがあって、葉脈《ようみゃく》にそって並《なら》んでいるよ。

コケと見分《みわ》けがつかない!
スゴ技

⬆複雑《ふくざつ》な姿《すがた》で、専門家《せんもんか》でも見《み》つけるのがむずかしく、くわしいことがわかっていないんだ。

物《もの》まねが効果的《こうかてき》なのは、鳥《とり》やカマキリなど、動《うご》く獲物《えもの》を目《め》でさがす相手《あいて》。カメムシやハチのように、においをキャッチして獲物《えもの》をさがす相手《あいて》には見破《みやぶ》られてしまいます。そんなときは飛《と》んで逃《に》げるそうです。

●1匹《ひき》でも物《もの》まね

➡ミカヅキツノゼミ（左《ひだり》）は、枯《か》れて曲《ま》がった葉《は》や茎《くき》をまねているらしいよ。

スゴ技
枯《か》れた茎《くき》のよう!

まるで虫《むし》のフン!
スゴ技

⬅ムシノフンツノゼミは、イモムシがフンを落《お》とす葉《は》っぱの上《うえ》にいるなど、居場所《いばしょ》もくふうしているんだ。

スゴ技
芽《め》にそっくり!

➡植物《しょくぶつ》の新芽《しんめ》をまねているツノゼミ。近《ちか》くにカマキリがきたとき、カマキリはツノゼミに気《き》づかずアリをねらったよ。

スゴ技
アリの攻撃《こうげき》する姿《すがた》をまねる!

⬅左《ひだり》の写真《しゃしん》は本物《ほんもの》のアリ。アリツノゼミの角《つの》はアリの頭《あたま》に似《に》ていて、足《あし》や羽《はね》の一部《いちぶ》もそっくり。しかもアリがおしりから毒《どく》を出《だ》すときの姿《すがた》をまねているんだ。

●ツノゼミに関《かん》するクイズは、「進化《しんか》のふしぎ編《へん》」の57ページにあるよ!

道具《どうぐ》を使《つか》うスゴ技《わざ》

フサオマキザル

大《おお》きな石《いし》でかたいヤシの実《み》を割《わ》って食《た》べる

体重《たいじゅう》3kgくらいの小《ちい》さなからだで、自分《じぶん》の体重《たいじゅう》の3分《ぶん》の1もある重《おも》い石《いし》を持《も》ちあげてヤシの実《み》を割《わ》るフサオマキザル。南《みなみ》アメリカでよく見《み》られるサルですが、すべてが道具《どうぐ》を使《つか》うわけではありません。アマゾンにすむフサオマキザルは道具《どうぐ》を使《つか》いません。わざわざかたい実《み》を割《わ》らなくても、熱帯雨林《ねったいうりん》のアマゾンなら、ほかに木《き》の実《み》など食《た》べものがあるからです。

　このスゴ技《わざ》が撮影《さつえい》されたのはブラジルの乾燥《かんそう》地帯《ちたい》にすんでいるフサオマキザルです。乾燥地帯《かんそうちたい》の森《もり》では食《た》べものが少《すく》ないので、かたいヤシの実《み》を食《た》べるようになったといわれています。

　かたいヤシの実《み》は、ただ石《いし》をあてただけではなかなか割《わ》れません。フサオマキザルは背筋《せすじ》を伸《の》ばし腰《こし》やひざを使《つか》って、力強《ちからづよ》く確実《かくじつ》にヤシの実《み》に命中《めいちゅう》するようにしています。しっぽを木《き》に巻《ま》きつけてからだを支《ささ》えたり、ジャンプや助走《じょそう》で勢《いきお》い

←実《み》の割《わ》りかたは、サルによっていろいろ。このサルは、しっぽを木《き》に巻《ま》きつけて、からだを支《ささ》えているね。

をつけるサルもいます。また、実《み》を置《お》く位置《いち》は、木《き》や石《いし》のくぼみに固定《こてい》して動《うご》かないような工夫《くふう》もしています。

そんなテクニックはだれかが教《おし》えてくれるわけではありません。名人《めいじん》の技《わざ》を見《み》て、まねしながら身《み》につけていきます。うまくなるには4年《ねん》もかかるそうです。

●フサオマキザルに関《かん》するクイズは、「驚《おどろ》きのはなれワザ編《へん》」の75ページにあるよ!

道具《どうぐ》を使《つか》うスゴ技《わざ》

カニクイザル

ヒトの髪《かみ》の毛《け》で歯《は》みがき！ 道具《どうぐ》を使《つか》いわけて食《た》べる

カニクイザルはニホンザルのなかまで、東南《とうなん》アジアで見《み》られます。撮影《さつえい》したタイのある町《まち》の人《ひと》たちは、カニクイザルを神《かみ》のつかいとして大《だい》事《じ》にしています。願《ねが》いごとがかなうと、人々《ひとびと》はサルにお礼《れい》をする習慣《しゅうかん》があり、寺《てら》にはたくさんの果物《くだもの》や飲《の》み物《もの》などが供《そな》えられています。そこですごすカニクイザルたちは、食《た》べものには困《こま》らず、食後《しょくご》はのんびりお寺《てら》ですごし、歯《は》の掃除《そうじ》をします。歯《は》みがきの道具《どうぐ》にしているのは人間《にんげん》の髪《かみ》の毛《け》です。前後《ぜんご》や左右《さゆう》に毛《け》を動《うご》かし、歯《は》の間《あいだ》にたまった食《た》べもののかすを器用《きよう》に取《と》り除《のぞ》き

➡歯《は》だけでなく、舌《した》の表面《ひょうめん》の汚《よご》れをとるサルもいるよ。

⬅歯《は》の掃除《そうじ》に使《つか》っているのは、人間《にんげん》の髪《かみ》の毛《け》！

➡毛《け》を歯《は》の間《あいだ》に通《とお》して、歯《は》の汚《よご》れを上手《じょうず》にとるよ。人間《にんげん》がデンタルフロスを使《つか》うのと同《おな》じだね。

⬅毛《け》に食《た》べかすがついているのをチェック!

ます。

ヤシの実《み》をくわえたときに、繊維《せんい》で食《た》べもののかすがとれて気持《きも》ちがよかったので、歯《は》の掃《そう》除《じ》をするようになったのではないかと考《かんが》えられています。道具《どうぐ》になる髪《かみ》の毛《け》は、女性《じょせい》のものが多《おお》く、女性《じょせい》の頭《あたま》に登《のぼ》って抜《ぬ》きとります。カニクイザルは神《かみ》の使《つか》いなので、大目《おおめ》に見《み》てもらえるようです。

でも、この町《まち》のカニクイザルがすべて歯《は》みがきをするわけではなく、すむ環境《かんきょう》によります。食《た》べものが人《ひと》からもらえて、時《じ》間《かん》にゆとりがあるから生《う》まれたスゴ技《わざ》といえます。

タイの無人島《むじんとう》に暮《く》らすカニクイザルは、目的《もくてき》によって道具《どうぐ》を使《つか》いわけます。カキのからを割《わ》るときは小《ちい》さな石《いし》、木《き》の実《み》を割《わ》るときは大《おお》きな石《いし》といったぐあいです。

フサオマキザルも石《いし》でかたいヤシの実《み》を割《わ》って食《た》べますが、カニクイザルは道具《どうぐ》を使《つか》って「割《わ》る」だけでなく、「はぎとる」こともします。カキを食《た》べるとき、まんなかに石《いし》を当《あ》てると、身《み》はつぶれてしまいます。石《いし》の角《かど》を使《つか》って、正確《せいかく》にたたかないと、からはきれいにはぎ取《と》れません。親指《おやゆび》とほかの指《ゆび》ではさみこむように石《いし》をにぎって持《も》ちます。石《いし》の持《も》ちかたを変《か》えたり、命中《めいちゅう》させるところも考《かんが》えて、道具《どうぐ》を使《つか》っているのです。

⬆カキを食《た》べるときは、石《いし》をにぎってコントロールよくからに当《あ》てる!

●カニクイザルに関《かん》するクイズは、「行動《こうどう》のナゾ編《へん》」の35ページにあるよ!

道具《どうぐ》を使《つか》うスゴ技《わざ》

カレドニアガラス

道具《どう》《ぐ》を〝使《つか》う〟だけでなく、道具《どうぐ》を〝つくって〟獲物《えもの》をとる

ニューカレドニアにすむカレドニアガラスは、木《き》の枝《えだ》や葉《は》っぱを使《つか》って、木《き》の奥《おく》や葉《は》っぱのすき間《ま》に隠《かく》れている虫《むし》をとって食《た》べます。でも、ただ枝《えだ》や葉《は》を使《つか》うのではありません。

まず、小枝《こえだ》を使《つか》う場合《ばあい》。くちばしで木《き》に穴《あな》をあけたあと、小枝《こえだ》を穴《あな》に入《い》れて虫《むし》をつりあげます。小枝《こえだ》につつかれたら反撃《はんげき》して枝《えだ》にかみつくという虫《むし》の習性《しゅうせい》を知《し》って行《おこな》っているのです。

道具《どうぐ》にする枝《えだ》は、落《お》ちているものをそのまま使《つか》うだけではなく、使《つか》いやすいように葉《は》をとったり、枝先《えださき》をフックのように切《き》りとって獲物《えもの》をとりやすくするなど、加工《かこう》もします。

葉《は》っぱを使《つか》う場合《ばあい》は、トゲのある葉《は》を切《き》りとって、虫《むし》をひっかけます。葉《は》っぱに切《き》り込《こ》みをいれて上手《じょうず》に切《き》りとったり、トゲの向《む》きを虫《むし》が引《ひ》っかかりやすい方向《ほうこう》にして使《つか》うなど、くふうしています。

こうした技《わざ》は生《う》まれながらもっているのではなく、子《こ》ど

➡枝《えだ》をフックのように切《き》りとって、虫《むし》をとりやすくしたよ。

ものころから親《おや》などの大人《おとな》が道具《どうぐ》を使《つか》うのを見《み》て、まねをしながら練習《れんしゅう》をつんで覚《おぼ》えます。そして同《おな》じ森《もり》にすみながらも、葉《は》っぱを道具《どうぐ》にするグループと、枝《えだ》を道具《どうぐ》に使《つか》うグループに分《わ》かれているそうです。道具《どうぐ》づくりの技《わざ》はグループの間《あいだ》で伝《つた》わっているのです。

　カレドニアガラスのすむ森《もり》は、食《た》べものになる昆虫《こんちゅう》などの小《ちい》さな生《い》きものが少《すく》ないので、このような道具《どうぐ》を使《つか》って、ほかの鳥《とり》たちがとることができない木《き》のなかの虫《むし》までねらうようになったといわれています。

●カレドニアガラスに関《かん》するクイズは、「驚《おどろ》きのはなれワザ編《へん》」の13ページにあるよ!

猛牛《もうぎゅう》対《たい》百獣《ひゃくじゅう》の王《おう》

バッファロー VS ライオン

アフリカスイギュウ、またの名《な》をアフリカン・バッファロー。巨《きょ》体《たい》に大《おお》きな角《つの》をもち、草食動物《そうしょくどうぶつ》とはいえ、強《つよ》そうです。対《たい》するは百《ひゃく》獣《じゅう》の王《おう》ライオン。ボツワナ北部《ほくぶ》の平原《へいげん》を舞台《ぶたい》に、両者《りょうしゃ》の熱《あつ》い戦《たたか》いがはじまろうとしています。

⬆アフリカ南部《なんぶ》の平原《へいげん》は動物《どうぶつ》たちの楽園《らくえん》。雨季《うき》は、水《みず》と緑《みどり》が豊富《ほうふ》。

アフリカスイギュウ
Syncerus caffer

体長《たいちょう》：210～340cm／体高《たいこう》：100～170cm／体重《たいじゅう》：300～900kg／食《た》べもの：草《くさ》の葉《は》など／特徴《とくちょう》：水辺《みずべ》を好《この》む大型《おおがた》のスイギュウ。大《おお》きな群《む》れをつくる。

⬆メス（左《ひだり》）とオス（右《みぎ》）。オスは、角《つの》の幅《はば》1mになるものもいる。

⬆水《みず》あびやどろあびは、バッファローの健康《けんこう》に欠《か》かせないたいせつな行動《こうどう》。

⬆角《つの》をおしつけあうオス。

バッファローのくらし

平原《へいげん》に群《む》れで暮《く》らしているバッファローは、野生《やせい》のウシとしては最大級《さいだいきゅう》で、オスの体重《たいじゅう》は１t《トン》近《ちか》くにもなります。

バッファローはオスもメスも角《つの》が生《は》えています。でも、見《み》わけ方《かた》はかんたん。メスは小《ちい》さめの角《つの》が頭《あたま》の横《よこ》から生《は》えていますが、オスは頭《あたま》のてっぺんから生《は》えていて、根元《ねもと》が大《おお》きく盛《も》りあがっています。オスは、この盛《も》り上《あ》がった部分《ぶぶん》をごりごりとおしつけ合《あ》って力《ちから》くらべをします。そして、群《む》れの中《なか》の順位《じゅんい》を決《き》めます。

スイギュウというだけあってバッファローは水辺《みずべ》を好《この》み、水《みず》あびやどろあびが大好《だいす》き。こうして体温《たいおん》を下《さ》げたり、寄生《きせい》虫《ちゅう》をふせいだりしているのです。

水辺《みずべ》には、1000頭《とう》にもなる群《む》れが集《あつ》まる。

⬆バッファローの赤《あか》ちゃん。生《う》まれてすぐに歩《ある》き出《だ》し、群《む》れといっしょに行動《こうどう》する。

⬆岸辺《きしべ》に集《あつ》まってきたバッファローの群《む》れ。

乾季《かんき》の大移動《だいいどう》

雨季《うき》は出産《しゅっさん》のシーズン。群《む》れのあちこちで赤《あか》ちゃんのすがたが見《み》られます。バッファローは豊富《ほうふ》な草《くさ》を食《た》べ、平和《へいわ》にすごします。

ところが、4月《がつ》に入《はい》って乾季《かんき》がやってくると、雨《あめ》がほとんど降《ふ》らない日《ひ》が半年《はんとし》もつづきます。水《みず》も草《くさ》もほとんどなくなってしまうので、バッファローをはじめとする草食動物《そうしょくどうぶつ》は、食《た》べものや水《みず》を求《もと》めて移動《いどう》します。

群《む》れは水《みず》のある川辺《かわべ》までやってきました。ここは、雨季《うき》には水《みず》があふれていた広大《こうだい》な川《かわ》の岸辺《きしべ》。乾季《かんき》になって水《みず》が減《へ》ったため現《あらわ》れたのです。緑《みどり》があふれ、食《た》べものと水《みず》のある、快適《かいてき》な場所《ばしょ》です。

草食動物《そうしょくどうぶつ》にとって天国《てんごく》のような場所《ばしょ》ですが、ここには、肉食動物《にくしょくどうぶつ》、ライオンのすがたもありました。

猛牛《もうぎゅう》の一撃《いちげき》！

ライオンは、さっそくバッファローの群《む》れを発見《はっけん》し、近《ちか》づいていきます。ライオンのなかまたちが集《あつ》まり、集団《しゅうだん》でバッファローをねらいます。バッファローの大《だい》ピンチです！　と思《おも》ったら、なにやらようすが変《へん》です。バッファローたちは、まったく逃《に》げないどころかライオンたちに向《む》かっていきました。

　そしてそのうちの1頭《とう》が、ライオン目《め》がけて突進《とっしん》！　さしもの百獣《ひゃくじゅう》の王《おう》も、この巨大《きょだい》な角《つの》と巨体《きょたい》の攻撃《こうげき》におどろいたのか、逃《に》げていきました。

⬆バッファローの群《む》れを見《み》つめるライオン。

⬆ライオンのなかまも集《あつ》まってきた。

⬆頭《あたま》を下《さ》げライオンに向《む》きあうバッファロー。

⬆ライオンに突進《とっしん》するバッファロー。ライオンも逃《に》げ出《だ》した。

ライオンの反撃《はんげき》！

バッファローたちは、ライオンに頭《あたま》を向《む》けてかまえていました。ライオンは、後《うし》ろからおそいかかる方法《ほうほう》で狩《か》りをします。そのため、バッファローが密集《みっしゅう》して頭《あたま》を向《む》けると、なかなか攻撃《こうげき》できません。

ある朝《あさ》、バッファローの群《む》れが川《かわ》を渡《わた》って移動《いどう》していました。渡《わた》った先《さき》の川岸《かわぎし》には、2頭《とう》のライオン。からだをふせてじっとしています。バッファローは気《き》づかず川《かわ》を進《すす》みます。

ようやく先頭《せんとう》のバッファローがライオンに気《き》づいたその瞬間《しゅんかん》！

ライオンたちが猛《もう》ダッシュ。防御姿勢《ぼうぎょしせい》をとれずに逃《に》げるバッファローの群《む》れ。とうとう転《ころ》んだ1頭《とう》がライオンにつかまりました。もう1頭《とう》のライオンは川《かわ》の中《なか》まで追《お》いかけ、子《こ》どものバッファローをとらえました。

⬆草《くさ》を求《もと》めて移動《いどう》する群《む》れ。

⬆ライオンが2頭《とう》、待《ま》ちぶせていた。

⬆水辺《みずべ》を逃《に》げるバッファローを追《お》いかけるライオン。

⬆バッファローの子《こ》どもがつかまった。

からだをふせて待《ま》ちかまえるライオン

逃《に》げ出《だ》すバッファローに向《む》かって猛《もう》ダッシュ!

逃《に》げまどうバッファロー

転《ころ》んだバッファローがとうとうとらえられた

➡逃《に》げるバッファローにせまるライオン。

➡数《すう》頭《とう》でバッファローをたおすライオン。

⬆群《む》れからはなれた年老《としお》いたバッファロー。

年老《としお》いたバッファロー

乾季《かんき》がおわりに近《ちか》づいた10月《がつ》、群《む》れは食《た》べものを求《もと》めて川辺《かわべ》を移《い》動《どう》していきます。しかし群《む》れが去《さ》ったあとも、木《き》の下《した》に1頭《とう》のバッファローが残《のこ》っていました。年老《としお》いて弱《よわ》っています。そこにライオンがやってきました。

このバッファローは何度《なんど》も逃《に》げようとしましたが、とうとうつかまってしまいました。年老《としお》いたもの、病《びょう》気《き》などで弱《よわ》ったもの、子《こ》どもなど、力《ちから》の弱《よわ》いものはねらわれやすいのです。

知《し》ってる? 木《こ》かげでぎゅうぎゅう

バッファローは暑《あつ》さが苦手《にがて》です。乾季《かんき》の草原《そうげん》には葉《は》をつけた木《き》が少《すく》ないので、数少《かずすく》ない木《こ》かげを求《おと》めて、たくさんのバッファローがぎゅうぎゅうになっているすがたが見《み》られます。

⬅木《き》の下《した》に集《あつ》まってくるバッファロー。

川《かわ》を渡《わた》り、移動《いどう》するバッファローの群《む》れ。

そしてまた雨季《うき》がくる

11月《がつ》、雨季《うき》がやってきました。午後《ごご》になると雲《くも》が出《で》て、半年《はんとし》ぶりの雨《あめ》がふりだしました。この草地《くさち》もまた川《かわ》の底《そこ》にしずみ、バッファローたちは、ボツワナ北部《ほくぶ》の草原《そうげん》にもどっていきます。バッファローたちは、雨季《うき》のあいだに子《こ》どもを産《う》んで数《かず》を増《ふ》やし、また次《つぎ》の乾季《かんき》にこの場所《ばしょ》にかえってくることでしょう。

⬆半年《はんとし》ぶりの雨《あめ》にぬれるバッファロー。

バトルはつづく……

バッファローたちのバトルは迫力《はくりょく》がありました。食《た》べられるバッファローの多《おお》くは、病気《びょうき》のものなど力《ちから》の弱《よわ》いもの。食《た》べられることで、ライオンなどの命《いのち》を救《すく》っています。このように生《い》きものたちは、食《た》べたり、食《た》べられたりしながら、おたがいを生《い》かし合《あ》っているのです。

タカがタカを襲《おそ》う!?

サシバ VS オオタカ

　絶滅《ぜつめつ》が心配《しんぱい》されている貴重《きちょう》なタカ、サシバは、春《はる》になると毎年《まいとし》、日本《にほん》で子育《こそだ》てをするため、東南《とうなん》アジアから数千《すうせん》kmを旅《たび》して渡《わた》ってきます。

　ぶじにひなを育《そだ》てて、また南《みなみ》の国《くに》に渡《わた》る日《ひ》まで、サシバは狩《か》りに、バトルに、いっしょうけんめいに生《い》きています。

⬆サシバがくらす里山《さとやま》は農地《のうち》と林《はやし》、人《ひと》と自然《しぜん》が身近《みぢか》な場所《ばしょ》だ。

サシバ Butastur indicus	全長《ぜんちょう》：47～51cm ／翼開長《よくかいちょう》：103～115cm ／食《た》べもの：カエルやトカゲなどの小動物《しょうどうぶつ》／特《とく》徴《ちょう》：夏鳥《なつどり》として九州《きゅうしゅう》・四国《しこく》・本州《ほんしゅう》にやってくる。カラスぐらいの大《おお》きさ。

サシバの食《た》べもの

3月《がつ》、サシバが日本《にほん》に渡《わた》ってきました。はるばる数千《すうせん》㎞の旅《たび》です。サシバは田《た》んぼに集《あつ》まるカエルやトカゲ、昆虫《こんちゅう》などをとらえて食《た》べます。

木《き》にとまって獲物《えもの》をさがしていたサシバが、地面《じめん》に下《お》りてカエルをつかまえました。タカといっても、あまり勇《いさ》ましい感《かん》じではない、のんびりした狩《か》りをします。

このカエルは、トラクターが田《た》んぼの土《つち》を掘《ほ》りかえしたときに、起《お》こされた冬眠中《とうみんちゅう》のカエル。サシバは人間《にんげん》の暮《く》らしを利用《りよう》して、獲《え》物《もの》をさがしているようですね。

➡するどいくちばしのサシバ。

⬆トラクターに掘《ほ》り起《お》こされたカエル。

⬅田《た》んぼに下《お》りて、カエルをとらえるサシバ。

➡メスにカエルをプレゼントするオスのサシバ。目《め》の上《うえ》に白《しろ》いまゆのようなもようのある上《うえ》がメス、下《した》がオス。

⬅巣材《すざい》の木《き》の枝《えだ》を集《あつ》めるサシバ。くちばしでじょうずにおる。

➡⬇サシバは、田《た》んぼのまわりの林《はやし》に巣《す》(下《した》)をつくる。

恋《こい》の季節《きせつ》

渡《わた》ってきて少《すこ》しすると、サシバはカップルになります。そのとき、オスはメスに食《た》べものをプレゼントしてプロポーズします。

メスが受《う》けとったら、めでたくカップル成立《せいりつ》！　巣《す》づくりをはじめます。巣《す》は、田《た》んぼの近《ちか》くの林《はやし》の木《き》の上《うえ》に、枝《えだ》を集《あつ》めてつくります。

研究者《けんきゅうしゃ》が観察《かんさつ》したところ、ある巣《す》ではサシバがひなのために運《はこ》んでくる食《た》べものの8割《わり》がカエルだったそうです。田《た》んぼに近《ちか》ければ、すぐに食《た》べものが手《て》に入《はい》るので、巣《す》づくりにはもってこいの場所《ばしょ》です。

サシバの子育《こそだ》て

田植《たう》えがはじまるころ、巣《す》ではサシバのひなが生《う》まれました。水《みず》がはられた田《た》んぼには、サシバたちの大好物《だいこうぶつ》のカエルもたくさん。親《おや》たちは交代《こうたい》でせっせせっせと食《た》べものをひなに運《はこ》びます。

サシバは、食《た》べものがたくさんあるこの時《じ》期《き》にちょうど子育《こそだ》てをするのです。

ひながかえると、たくさんカエルをあたえるんですな。

ひなにカエルを運《はこ》んできた親鳥《おやどり》とサシバのひな。

知《し》ってる？ カエルはたいせつ

絶滅《ぜつめつ》が心配《しんぱい》されているサシバ。食《た》べもののカエルが減《へ》っていることがその原因《げんいん》のひとつとして考《かんが》えられています。カエルは、田《た》んぼの水路《すいろ》がコンクリート製《せい》に変《か》わるなど、環境《かんきょう》の変化《へんか》で、日本全国《にほんぜんこく》でとても数《かず》が減《へ》っています。

自然《しぜん》な水路《すいろ》（左《ひだり》）。コンクリートでかためられた水路《すいろ》（右《みぎ》）ではカエルが落《お》ちると出《で》られない。

ひながさらわれた!?

サシバが子育《こそだ》てをしている林《はやし》の中《なか》には、べつの種類《しゅるい》のタカも巣《す》をつくっていました。サシバよりもひとまわり大《おお》きなタカ、オオタカです。オオタカの獲物《えもの》はおもに鳥《とり》。あしからとびかかり、するどいつめでたおすのがとくい技《わざ》。鳥《とり》たちにとって、とてもおそろしいハンターです。オオタカの巣《す》の中《なか》にはひながいました。獲物《えもの》の羽毛《うもう》も落《お》ちています。

ある日《ひ》、サシバの親《おや》が巣《す》からはなれたすきに、巣《す》に猛《もう》スピードでとびかかるものが現《あらわ》れました。オオタカです。あしからとびつき、するどいつめでおそいます。一度《いちど》は失敗《しっぱい》したものの、またやってきて、ひなを連《つ》れさっていきました。

なんと、オオタカは同《おな》じ肉食《にくしょく》のタカであるサシバも獲物《えもの》としていたのです。

⬆ハトを食《た》べるオオタカ。

⬆➡木《き》の上《うえ》につくられたオオタカの巣《す》と、巣《す》の中《なか》のひな。

気《き》づいて、羽《はね》を広《ひろ》げたサシバのひな
オオタカ
あしからとびついていくオオタカ。でも失敗《しっぱい》
ふたたび襲《おそ》いかかるオオタカ
巣《す》からひなはいなくなってしまった……

ひなを守《まも》れ！

サシバの親《おや》だって、かんたんにひなをさらわれるわけにはいきません。巣《す》に近《ちか》づこうとするオオタカを発見《はっけん》すると、親《おや》は必死《ひっし》に追《お》いはらおうとします。

オオタカを巣《す》から遠《とお》ざけようと、突進《とっしん》。ひとまわりもからだが大《おお》きく、飛《と》ぶのも速《はや》いオオタカに向《む》かっていくのは命《いのち》がけです。何度《なんど》も何度《なんど》も攻撃《こうげき》して、なんとかオオタカを追《お》いはらうことができました。

⬆からだの小《ちい》さい方《ほう》がサシバ（赤い矢印）。オオタカの方《ほう》が大《おお》きく、攻《こう》撃《げき》する力《ちから》も強《つよ》いので危険《きけん》な空中戦《くうちゅうせん》。

知《し》ってる？ タカはゆたかさのあかし

タカのような大《おお》きな肉食《にくしょく》の動物《どうぶつ》が生《い》きられる場所《ばしょ》は、自然《しぜん》がゆたかだといわれています。大《おお》きな肉食動物《にくしょくどうぶつ》が生《い》きるためには、食《た》べものとなる小《ちい》さな動物《どうぶつ》もたくさんいなくてはなりません。そしてその動物《どうぶつ》たちの食《た》べものとなる動物《どうぶつ》や植物《しょくぶつ》なども、たくさん必要《ひつよう》です。自然《しぜん》がゆたかでないと、タカは生《い》きられないのです。

ヘビや昆虫《こんちゅう》なども、サシバの命《いのち》をささえる食《た》べものになる。

ひなが巣《す》立《だ》った

オオタカの攻撃《こうげき》など数《かず》多《おお》くの危険《きけん》を乗《の》りこえ、なんとかぶじに育《そだ》つことができたひなもいます。

そうしたひなたちに巣《す》立《だ》ちの日《ひ》がやってきました。枝《えだ》伝《づた》いに歩《ある》いて巣《す》から出《で》ていきます。巣《す》立《だ》ったといっても、あと1か月《げつ》ほどは親《おや》鳥《どり》が食《た》べものを運《はこ》んで世《せ》話《わ》をします。そして、少《すこ》しずつ行《こう》動《どう》範《はん》囲《い》を広《ひろ》げていって、ひとり立《だ》ちします。

秋《あき》になると、サシバは海《うみ》をこえ、南《みなみ》の国《くに》に渡《わた》っていきます。また来《らい》年《ねん》も、日《に》本《ほん》にもどってこられるといいですね。

↑大《おお》きくなったサシバのひな。

↑枝《えだ》伝《づた》いに巣《す》をはなれるサシバのひな。

↑巣《す》立《だ》ったひなに食《た》べものをあたえる親《おや》鳥《どり》。

バトルはつづく……

オオタカは日《に》本《ほん》に1年《ねん》中《じゅう》いる鳥《とり》。秋《あき》がすぎ、きびしい冬《ふゆ》がやってくると、獲《え》物《もの》の数《かず》が減《へ》り、生《い》きぬくのもたいへんです。一方《いっぽう》、サシバは冬《ふゆ》を南《みなみ》の国《くに》ですごし、春《はる》に危険《きけん》な旅《たび》のすえ、日《に》本《ほん》にやってきます。そして、ちがう暮《く》らしをするタカ同《どう》士《し》、またバトルがはじまります。

NHK「ダーウィンが来た!」番組スタッフ

日本国内の身近な自然から、世界各地の未知の自然まで、驚きの生きものたちの世界を、圧倒的な迫力と美しさで描く自然ドキュメンタリー番組「ダーウィンが来た!」を手掛ける制作チーム。2006年4月の放送開始以来、番組は570回を超え、多彩で奥深い自然の営みに迫り続ける。2019年 1月に全国公開の映画「劇場版 ダーウィンが来た! アフリカ新伝説」も制作。

- 協力/NHKエンタープライズ
- 番組協同制作/Télé Images international「大追跡! 草食動物は強かった」
- 写真提供/Cicada Films「大追跡! 草食動物は強かった」
  大阪大学生命機能研究科木下研究室「ハチになりたかった鳥」
  中村周平「密着! 深海の巨大クジラ」
- カバー・本文デザイン/山本真琴(design.m)
- イラスト/株式会社エストール
- 地図/マカベアキオ
- 画像キャプチャー/エクサインターナショナル・NHKアート
- 編集協力/有限会社バウンド

NHKダーウィンが来た! 生きものクイズブック
からだのヒミツ編

2018(平成30)年12月10日　第1刷発行

編者/NHK「ダーウィンが来た!」番組スタッフ

発行者/森永公紀
発行所/NHK出版
〒150-8081　東京都渋谷区宇田川町41-1
電話/0570-002-140(編集)　0570-000-321(注文)
ホームページ/http://www.nhk-book.co.jp
振替/00110-1-49701
印刷・製本/図書印刷株式会社

Printed in Japan　ISBN978-4-14-081760-5　C8045